图书+光盘+手机
三合一
多媒体学习方式

CSS+DIV
网页样式布局
实战 从入门到精通

龙马工作室 编著

人民邮电出版社
北 京

图书在版编目（ＣＩＰ）数据

CSS+DIV网页样式布局实战从入门到精通 / 龙马工作
室编著. -- 北京：人民邮电出版社，2014.10（2024.2重印）
ISBN 978-7-115-36608-5

Ⅰ．①C… Ⅱ．①龙… Ⅲ．①网页制作工具 Ⅳ.
①TP393.092

中国版本图书馆CIP数据核字(2014)第181933号

内 容 提 要

本书通过精选案例引导读者深入学习，系统地介绍了利用 CSS 和 DIV 进行网页样式布局的相关知识和操作方法。

全书共 21 章。第 1～5 章主要介绍网页样式布局的基础知识，包括基本概念和语法、代码的编写方法、盒子模型及高级特性等；第 6～11 章主要介绍网页样式布局的常用设置，包括网页字体与对象尺寸、文本与段落、文本样式、文本颜色与效果、背景颜色与图像及图像效果等；第 12～16 章主要介绍网页样式布局的高级设置，包括网页表格、链接与项目列表、导航菜单、固定宽度布局及变宽度布局等；第 17～21 章通过实战案例进一步讲解了基础知识的综合应用方法，包括商务、时尚科技、在线购物、娱乐休闲及手机应用等多种类型网页的布局方法。

在本书附赠的 DVD 多媒体教学光盘中，包含了 17 小时与图书内容同步的教学录像及所有实例的配套源文件。此外，还赠送了大量相关学习内容的教学录像及扩展学习电子书等。为了满足读者在手机和平板电脑上学习的需要，光盘中还赠送了本书教学录像的手机版视频学习文件。

本书不仅适合网页样式布局的初、中级读者学习使用，也可以作为各类院校相关专业学生和网页制作培训班的教材或辅导用书。

- ◆ 编　著　龙马工作室
  责任编辑　张　翼
  责任印制　杨林杰
- ◆ 人民邮电出版社出版发行　　北京市丰台区成寿寺路 11 号
  邮编　100164　电子邮件　315@ptpress.com.cn
  网址　http://www.ptpress.com.cn
  北京天宇星印刷厂印刷
- ◆ 开本：787×1092　1/16
  印张：18　　　　　　　　　　2014 年 10 月第 1 版
  字数：483 千字　　　　　　　2024 年 2 月北京第 25 次印刷

定价：39.80 元（附光盘）

读者服务热线：(010)81055410　印装质量热线：(010)81055316
反盗版热线：(010)81055315
广告经营许可证：京东市监广登字 20170147 号

Preface 前言

随着社会信息化的不断普及，计算机已经成为人们工作、学习和日常生活中不可或缺的工具，而计算机的操作水平也成为衡量一个人综合素质的重要标准之一。为满足广大读者的实际应用需要，我们针对不同学习对象的接受能力，总结了多位计算机高手、国家重点学科教授及计算机教育专家的经验，精心编写了这套"实战从入门到精通"系列图书。

一、系列图书主要内容

本套图书涉及读者在日常工作和学习中各个常见的计算机应用领域，在介绍软硬件的基础知识及具体操作时，均以读者经常使用的版本为主，在必要的地方也兼顾了其他版本，以满足不同读者的需求。本套图书主要包括以下品种。

《跟我学电脑实战从入门到精通》	《Word 2003办公应用实战从入门到精通》
《电脑办公实战从入门到精通》	《Word 2010办公应用实战从入门到精通》
《笔记本电脑实战从入门到精通》	《Excel 2003办公应用实战从入门到精通》
《电脑组装与维护实战从入门到精通》	《Excel 2010办公应用实战从入门到精通》
《黑客攻击与防范实战从入门到精通》	《PowerPoint 2003办公应用实战从入门到精通》
《Windows 7实战从入门到精通》	《PowerPoint 2010办公应用实战从入门到精通》
《Windows 8实战从入门到精通》	《Office 2003办公应用实战从入门到精通》
《Photoshop CS5实战从入门到精通》	《Office 2010办公应用实战从入门到精通》
《Photoshop CS6实战从入门到精通》	《Word/Excel 2003办公应用实战从入门到精通》
《AutoCAD 2012实战从入门到精通》	《Word/Excel 2010办公应用实战从入门到精通》
《AutoCAD 2013实战从入门到精通》	《Word/Excel/PowerPoint 2003三合一办公应用实战从入门到精通》
《CSS+DIV网页样式布局实战从入门到精通》	《Word/Excel/PowerPoint 2007三合一办公应用实战从入门到精通》
《HTML 5网页设计与制作实战从入门到精通》	《Word/Excel/PowerPoint 2010三合一办公应用实战从入门到精通》

二、写作特色

📄 从零开始，循序渐进

无论读者是否从事网页设计工作，是否接触过CSS和DIV网页样式布局，都能从本书中找到最佳的学习起点，循序渐进地完成学习过程。

📄 紧贴实际，案例教学

全书内容均以实例为主线，在此基础上适当扩展知识点，真正实现学以致用。

📄 紧凑排版，图文并茂

紧凑排版既美观大方又能够突出重点、难点。所有实例的每一步操作，均配有对应的插图和注释，以便读者在学习过程中能够直观、清晰地看到操作过程和效果，提高学习效率。

📄 单双混排，超大容量

本书采用单、双栏混排的形式，大大扩充了信息容量，在约300页的篇幅中容纳了传统图书600多页的内容，从而在有限的篇幅中为读者奉送了更多的知识和实战案例。

📄 独家秘技，扩展学习

本书在每章的最后，以"高手私房菜"的形式为读者提炼了各种高级操作技巧，而"举一反三"栏目更是为知识点的扩展应用提供了思路。

书盘结合，互动教学

本书配套的多媒体教学光盘内容与书中知识紧密结合并互相补充。在多媒体光盘中，我们仿真工作、生活中的真实场景，通过互动教学帮助读者体验实际应用环境，从而全面理解知识点的运用方法。

三、光盘特点

◎ 17小时全程同步教学录像

光盘涵盖本书所有知识点的同步教学录像，详细讲解每个实战案例的操作过程及关键步骤，帮助读者更轻松地掌握书中所有的知识内容和操作技巧。

◎ 超多、超值资源

除了与图书内容同步的教学录像外，光盘中还赠送了大量相关学习内容的教学录像、扩展学习电子书及本书所有实例的配套源文件等，以方便读者扩展学习。为了满足读者在手机和平板电脑上学习的需要，光盘中还赠送了本书教学录像的手机版视频学习文件。

◎ 手机版教学录像

将手机版教学录像复制到手机或平板电脑后，即可在手机或平板电脑上随时随地跟着教学录像进行学习。

四、配套光盘运行方法

Windows XP操作系统

〔1〕 将光盘放入光驱中，几秒钟后光盘就会自动运行。

〔2〕 若光盘没有自动运行，可以双击桌面上的【我的电脑】图标，打开【我的电脑】窗口，然后双击【光盘】图标，或者在【光盘】图标上单击鼠标右键，在弹出的快捷菜单中选择【自动播放】选项，光盘就会运行。

Windows 7操作系统

〔1〕 将光盘放入光驱中，几秒钟后系统会弹出【自动播放】对话框，如左下图所示。

〔2〕 单击【打开文件夹以查看文件】链接以打开光盘文件夹，用鼠标右键单击光盘文件夹中的MyBook.exe文件，并在弹出的快捷菜单中选择【以管理员身份运行】菜单项，打开【用户账户控制】对话框，如右下图所示，单击【是】按钮，光盘即可自动播放。

〔3〕 再次使用本光盘时，将光盘放入光驱后，双击光驱盘符或单击系统弹出的【自动播放】对话框中的【运行MyBook.exe】链接，即可运行光盘。

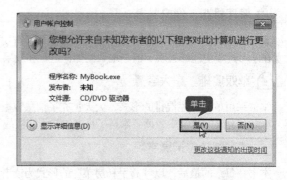

五、光盘使用说明

1. 在电脑上学习光盘内容的方法

【1】 光盘运行后会首先播放片头动画，之后进入光盘的主界面。其中包括【课堂再现】、【学习笔记】、【手机版】三个学习通道，和【源文件】、【赠送资源】、【帮助文件】、【退出光盘】四个功能按钮。

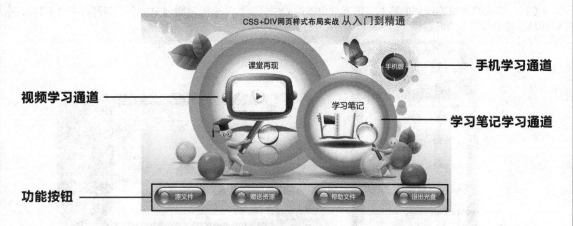

【2】 单击【课堂再现】按钮，进入多媒体同步教学录像界面。在左侧的章号按钮（如此处为 第8章 ）上单击鼠标左键，在弹出的快捷菜单上单击要播放的节名，即可开始播放相应的教学录像。

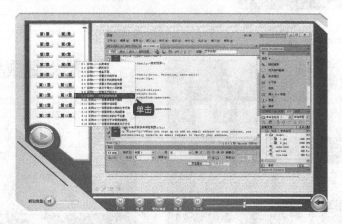

【3】 单击【学习笔记】按钮，可以查看本书的学习笔记。
【4】 单击【手机版】按钮，可以查看手机版教学录像。
【5】 单击【源文件】、【赠送资源】按钮，可以查看对应的文件和资源。

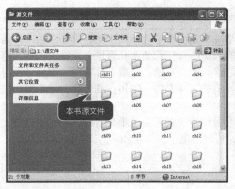

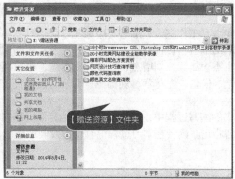

〔6〕 单击【帮助文件】按钮，可以打开"光盘使用说明.pdf"文档，该说明文档详细介绍了光盘在电脑上的运行环境、运行方法，以及在手机上如何学习光盘内容等。

〔7〕 单击【退出光盘】按钮，即可退出本光盘系统。

2. 在手机上学习光盘内容的方法

〔1〕 将安卓手机连接到电脑上，把光盘中赠送的手机版教学录像复制到手机上，即可利用已安装的视频播放软件学习本书的内容。

〔2〕 将iPhone/iPad连接到电脑上，通过iTunes将随书光盘中的手机版教学录像导入设备中，即可在iPhone/iPad上学习本书的内容。

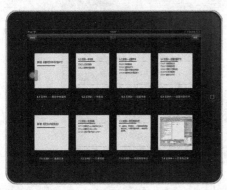

〔3〕 如果读者使用的是其他类型的手机，可以直接将光盘中的手机版教学录像复制到手机上，然后使用手机自带的视频播放器观看视频。

六、创作团队

本书由龙马工作室策划编著，中原工学院信息商务学院宋瑞丽任主编，其中第1~第10章由宋瑞丽老师编著。参与本书编写、资料整理、多媒体开发及程序调试的人员还有孔长征、孔万里、李震、乔娜、赵源源、王果、陈小杰、胡芬、刘增杰、王金林、彭超、李东颖、侯长宏、刘稳、左琨、邓艳丽、康曼、任芳、王杰鹏、崔姝怡、侯蕾、左花苹、刘锦源、普宁、王常吉、师鸣若、钟宏伟、陈川、刘子威、徐永俊、朱涛和张允等。

在本书的编写过程中，我们竭尽所能地将最好的内容呈现给读者，但也难免有疏漏和不妥之处，敬请广大读者不吝指正。读者在学习过程中有任何疑问或建议，可发送电子邮件至zhangyi@ptpress.com.cn。

编者

目录 Contents

第1章 CSS 入门

本章视频教学时间：24分钟

本章从CSS的基本概念出发，介绍CSS语言的特点，以及如何在网页中引入CSS，并对CSS进行初步的体验。

第2章 CSS 3 基本语法

本章视频教学时间：49分钟

本章重点介绍CSS如何控制页面中的各个标记。先从控制HTML标记的不同方法入手，介绍各种选择器的概念和声明方法，以及CSS的有关属性值。

第3章 手工与借助工具编写网页样式

本章视频教学时间：49分钟

本章分别通过使用手工与借助工具设置标题、控制图片、设置整体页面等内容，来讲述如何完成一个使用CSS技术的网页。

高手私房菜 **040**

第4章 盒子模型

📽 本章视频教学时间：1小时30分钟

盒子模型是CSS控制页面时一个很重要的概念。只有很好地掌握了盒子模型以及其中的每一个元素的用法，才能真正控制页面中各个元素的位置。

高手私房菜 **060**

第5章 CSS 3 的高级特性

本章视频教学时间：28分钟

本章主要介绍CSS的复合选择器、继承性及层叠性等高级特性，学习这些高级特性，在提高页面制作效率上会有很大帮助。

第6章 网页字体与对象尺寸

本章视频教学时间：46分钟

文字是网页设计永远不可缺少的元素，文字尺寸的设置关系着网页是否美观。本章从基础文字设置出发，详细讲解CSS设置各种文字效果的方法。

第7章 网页文本与段落设计

📹 本章视频教学时间：25分钟

本章主要介绍文字的有关设置和段落排版，如果说第6章是文字的设置基础，那么本章就是文字的设置应用。

第8章 文本样式

📹 本章视频教学时间：44分钟

本章通过介绍文本的颜色定义、字体设置效果、段落缩进、字词间距等，来综合讲解排版布局中具体如何设置文本的样式。

高手私房菜 **100**

第9章 文本颜色与效果

📽 本章视频教学时间：40分钟

本章主要是深层次地介绍文本的颜色设置、特殊文本的效果设置以及控制文本间距的操作方法，从而使读者熟练地掌握文本颜色设置和文本效果属性。

高手私房菜 **112**

第 10 章 背景颜色与图像

本章视频教学时间：42分钟

任何一个网页，它的背景颜色和图案往往是给用户的第一印象，因此在页面中控制背景和图案是一个网站设计的重要步骤。本章主要讲述CSS控制背景颜色和图像的方法。

第 11 章 图像效果

本章视频教学时间：1小时7分钟

本章通过讲述设置图片边框、图片缩放、图文混排、图片与文字对齐方式等，综合介绍图像的设置方式。

第 12 章 网页表格

本章视频教学时间：1小时4分钟

网页表格是网页常见的元素，本章主要围绕表格介绍CSS设置其样式的方法。最后通过实例制作计算机报价表来总结本章的知识点。

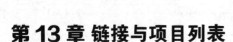

第 13 章 链接与项目列表

本章视频教学时间：47分钟

网页中除文字、图像、表格等元素外，还有链接和项目列表。网站来源于链接，从本质上来说网站就是链接。

第 14 章 导航菜单

本章视频教学时间：1小时50分钟

一个好的网站，导航菜单是不可缺少的元素之一。导航菜单的基调决定着网站的基调。本章主要介绍各种导航菜单的制作方法。

第 15 章 固定宽度布局

本章视频教学时间：1小时25分钟

本章主要介绍CSS排版的观念和具体方法，包括CSS排版的整体思路、两种具体的排版结构。最后以制作魔术布局来总结分析CSS的布局方法。

第 16 章 变宽度布局

本章视频教学时间：1小时11分钟

本章主要讲述常用变宽度布局的制作，变宽度的布局要比固定宽度的布局复杂一些，根本的原因在于宽度不确定，导致很多参数无法确定，必须使用一些技巧来完成。

高手私房菜 **238**

第 17 章 制作商务类型网页

📽 本章视频教学时间：38分钟

本章主要以制作红酒企业的网页来讲述商务类型网页的制作方法，使读者能掌握制作商务网页的要点。

高手私房菜 **246**

第 18 章 制作时尚科技类型网页

📽 本章视频教学时间：38分钟

本章主要以制作时尚科技类型网页来讲述企业网页的制作方法，使读者能掌握制作企业型网页的要点。

第 19 章 制作在线购物类型网页

本章视频教学时间：23分钟

网上购物是一种便捷的购物方式，也是目前最火的购物方式。本章主要讲述购物网页的整体布局和模块组成。

第 20 章 制作娱乐休闲类型网页

本章视频教学时间：25分钟

本章主要介绍娱乐休闲网页制作要点及娱乐休闲网页模块组成，使读者初步了解娱乐休闲网页的制作方法。

高手私房菜 **264**

第21章 制作适合手机浏览的网页

本章视频教学时间：12分钟

随着智能手机的普及，制作手机网页也成为了网页制作中的重要部分。本章主要以一个简单的手机网页制作来讲述其制作方法。

高手私房菜 **268**

DVD 光盘赠送资源

1. 17小时全程同步教学录像

2. 18小时Dreamweaver CS5、Photoshop CS5和Flash CS5网页三剑客教学录像

3. 20小时完美网站建设全能教学录像

4. 精彩网站配色方案赏析

5. 网页设计技巧查询手册

6. 颜色代码查询表

7. 颜色英文名称查询表

8. 本书所有案例的源文件

第1章

CSS 入门

 本章视频教学时间：24 分钟

一个美观大方的网页，不仅需要HTML进行布局结构，还需要CSS语言对网页中的各个元素进行修饰。例如定义表格显示样式、字体颜色和背景等。通过CSS和HTML语言结合，可以创造出美轮美奂的页面。

【学习目标】

通过本章的学习，掌握 CSS 概念、CSS 语言优势和 CSS 样式使用。

【本章涉及知识点】

什么是 CSS

CSS 能做什么

CSS 的优缺点

第一个 CSS 样式

1.1 CSS的概念

本节视频教学时间：8分钟

CSS（Cascading Style Sheet，可译为"层叠样式表"或"级联样式表"）是一组格式设置规则，用于控制Web页面的外观。通过使用CSS样式设置页面的格式，可将页面的内容与表现形式分离。CSS最早是1996年由W3C审核通过并推荐使用的，CSS目前最新版本为CSS 3，是能够真正做到网页表现与内容分离的一种样式设计语言。相对于传统HTML的表现而言，CSS能够对网页中的对象的位置排版进行像素级的精确控制，支持几乎所有的字体字号样式，拥有对网页对象和模型样式编辑的能力，并能够进行初步交互设计，是目前基于文本展示最优秀的表现设计语言。本书所介绍的CSS属性就是基于CSS 3版本。

1.1.1 网页中标记的概念

我们知道CSS是用来表示Web页面外观的，在学习CSS之前，要先了解一些网页中的基本知识，那就是网页中的标记。标记语言，也称置标语言，是一种将文本以及与文本相关的其他信息结合起来，展现出关于文档结构和数据处理细节的电脑文字编码。当前广泛使用的网页标记语言有两种：超文本标记语言（HTML）和可扩展超文本标记语言（XHTML）。

为了便于读者从整体上把握HTML文档结构，通过一个HTML页面代码来介绍HTML页面的整体结构，示例代码如下所示。

```
<html>
<head>
<title>网页标题</title>
</head>
<body>
    网页内容
</body>
</html>
```

从上面代码可以看出，一个基本的HTML页由以下几部分构成。

(1) <html></html>。说明本页面使用HTML语言编写，使浏览器软件能够准确无误地解释、显示。

(2) <head></head>。head是HTML的头部标记，头部信息不显示在网页中，此标记内可以保护一些其他标记，可以说明文件标题和整个文件的一些公用属性，可以通过<style>标记定义CSS样式表，通过<script>标记定义JavaScript脚本文件。

(3) <title></title>。title是head中的重要组成部分，它包含的内容显示在浏览器的窗口标题栏中。如果没有title，浏览器标题栏显示本页的文件名。

(4) <body></body>。body包含HTML页面的实际内容，显示在浏览器窗口的客户区中。例如页面中文字、图像、动画、超链接以及其他HTML相关的内容都是定义在body标记里面。

1.1.2 HTML与CSS的互补

HTML发展到今天存在3个主要缺点：第一，由于HTML代码不规范、臃肿，需要足够智能和庞大的浏览器才能够正确显示HTML；第二，数据与表现混杂，当页面要改变显示时就必须重新制作HTML；第三，不利于搜索引擎搜索。HTML也有两个显著的优点：第一，使用Table的表现方式不需要考虑浏览器兼容问题；第二，简单易学，易于推广。CSS的产生恰好弥补了HTML的主要缺点，主要表现在以下几个方面。

1. 表现与结构分离

CSS从真正意义上实现了设计代码与内容的分离，它将设计部分剥离出来并放在一个独立样式文件中，HTML文件中只存放文本信息，这样的页面对搜索引擎更加友好。

2. 提高页面浏览速度

对于同一个页面视觉效果，采用CSS布局的页面容量要比Table编码的页面文件容量小得多，前者一般只有后者的1/2。浏览器不用去解释大量冗长的标签。

3. 易于维护和改版

开发者只要简单修改几个CSS文件就可以重新设计整个网站的页面。

4. 继承性能优越（层叠处理）

CSS的代码在浏览器的解析顺序上会根据CSS的级别进行，它按照对同一元素定义的先后来应用多个样式。良好的CSS代码设计可以使代码之间产生继承关系，能够达到最大限度的代码重用，从而降低代码量及维护成本。

1.1.3 浏览器对CSS的支持

目前CSS 3是众多浏览器普遍支持的最完善的版本，最新的浏览器均以该版本为支持原型进行设计，例如IE9、Firefox和谷歌浏览器等。使用CSS 3样式设计出来的网页，在众多平台及浏览器下对样式的表现最为接近。火狐浏览器对CSS的支持是最全面的，所以本书中的示例大多是在火狐浏览器下运行的。

1.2 网页设计中的CSS

 本节视频教学时间：3分钟

CSS在网页中起什么作用？有什么局限性？在本小节你就会找到答案。

1.2.1 CSS能做什么

CSS用于增强或控制网页样式，并允许将样式信息与网页内容分离。引用样式表的目的是将"网页结构代码"和"网页样式风格代码"分离开，从而使网页设计者可以对网页布局进行更多的控制。利用样式表，可以将整个站点上所有网页都指向某个CSS文件，设计者只需要修改CSS文件中的某一行，整个网页上对应的样式都会随之发生改变。

1.2.2 CSS的局限性

CSS具有这么多作用，是不是就意味着它是无所不能、什么都能自由实现的呢？

1. 属性无法继承

当然不是，仍然存在有些属性不能被继承的问题，如border属性，它是用来设置元素的边框的，它就没有继承性。多数背景和边框类属性，比如像padding（补白）、margin（边界）都是不能继承的。

2.显示效果不一致

此外，使用CSS指定特定元素外观时，对静态HTML能完美支持，但对于动态网站中服务器元素，还存在着在不同浏览器中输出不一致的问题。

1.3 网站CSS赏析

 本节视频教学时间：3分钟

学习CSS的过程，就是一个不断借鉴充实的过程，仅仅知道某个属性怎么用，不能算是真正掌握了。当你真切地了解CSS之后，你会发现，原来这个属性这么用能产生意想不到的效果。国内外有很多好的例子能给我们带来启发，最典型的就是CSS禅意花园网站了，这个网站为大家提供一个标准框架，爱好者根据自己对CSS的理解，通过更换样式达到不同的效果。下面来看两个实例，体会CSS的强大功能。

1.3.1 商务网站CSS样式赏析

下图是一个企业网站，通过CSS控制图片灵活布局，实现浮雕效果。在这个网站中，字体样式、页面背景、按钮样式和菜单都采用CSS修饰控制，如果没有CSS，展示在我们面前的只是一个朴素的HTML文字和图片网站。

1.3.2 游戏网站CSS样式赏析

下图是一个CSS布局的游戏网站，CSS与JavaScript控制，实现缤纷的动态效果。在此网页中，字体样式、按钮样式、菜单样式都得到了充分应用，并且值得一提的是广告上下浮动，也需要使用CSS样式定义DIV层。

1.4 实例——编写我的第一个CSS样式

本节视频教学时间：10分钟

我们已经对CSS样式有了一个初步认识，那么究竟CSS是什么样子的，如何实现呢？下面通过例子进行说明，该例子通过CSS样式去控制图片，包括图片效果。

1.4.1 从零开始

CSS开发工具很多，最常见的就是Dreamweaver工具了，同时还可以使用Office中的Frontpage开发网页。本书中采用的是Dreamweaver CS6版本。首先我们建立一个页面，并选择页面的类型。具体操作步骤如下。

1 选择【新建】命令

打开Dreamweaver CS6，单击【文件】菜单命令，如下图所示。

2 选择文档类型

在弹出的下拉菜单中选择【新建文档】命令，打开【新建文档】对话框。单击【文档类型】下拉按钮，这里我们选择"html 4.01 transitional"，单击【创建】按钮。

3 打开【代码】窗口

弹出【代码】窗口。

4 单击【保存】按钮

修改<title></title>标签为图片控制实例，单击【文件】▶【保存】菜单命令，弹出【另存为】对话框，选择【保存在】的文件夹位置，在【文件名】后输入index1，单击【保存】按钮即可。

1.4.2 加入CSS控制

网页创建完成后，手动在index1.html的<body>标签中加入如下代码。

```
<div><img src="flower.jpg" ></div>
```

src表示img要链接的图片，此时图片的位置和当前网页在同一个文件夹下。然后保存该网页，最后在键盘上按【F12】键在浏览器中浏览，效果如下图所示。

1.4.3 控制图片

从上图中我们可以看到，没有经过CSS样式控制的图片位置是靠左的，图片大小未经任何控制。接下来我们通过CSS去改变图片的效果和位置，代码如下。

```
<style  type="text/css">
div{ margin:auto; float:right;}
img{ width:200px; height:200px; filter:blur(add=ture,direction=135,strength=200)}
</style>
```

上面代码中，定义一个div选择器，其属性margin定义外部边距自动伸缩，float定义层浮动在右边显示。img选择器中，属性width定义显示图片宽度，height定义显示图片高度，filter:blur使用了一个滤镜效果。

按【F12】键在浏览器中浏览，效果如下图所示。

这时我们发现图片的大小、位置和效果已经完全改变，原先的大图已经被缩小（img选择器实现），位置从左边已经调整到右边（div选择器实现），原先清晰的图片已经加上了模糊滤镜效果。特别是滤镜效果，这些在过往只有在Photoshop中实现的东西，现在在CSS中也可以实现。

1.4.4 CSS的注释

　　CSS注解（CSS 注释）可以帮助我们对自己写的代码进行说明，如说明某段是在什么地方、功能、样式等，以便我们以后维护时一看即懂。另外，在团队开发网页时，合理适当的注解有利于团队看懂这些代码是对应哪里的，以便顺利快速地开发网页。

　　CSS注解是以"/*"（斜杠和星号）开始，以"*/"（星号和斜杠）结束，注解说明内容放到"/*"与"*/"之间。本小节实例带有CSS注解的完整代码如下。

```
<!DOCTYPE HTML PUBLIC "-//W3C//DTD HTML 4.01 Transitional//EN" "http://www.w3.org/TR/html4/
loose.dtd">
<html>
<head>
<meta http-equiv="Content-Type" content="text/html; charset=utf-8">
<title>图片控制实例</title>
<style type="text/css">                    /*定义CSS样式*/
div{ margin:auto; float:right;}              /*定义DIV位置居右*/
img{ width:200px; height:200px; filter:blur(add=ture,direction=135,strength=200)}
                                             /*定义图片大小，并设置滤镜效果*/
</style>
</head>
<body>
<div><img src="flower.jpg" ></div>
</body>
</html>
```

高手私房菜

技巧：创建站点

　　在实际网站的建设过程中，我们为了更方便地管理网页资源，需要先在Dreamweaver CS6中进行创建站点设置，过程如下。

　　选择【站点】▶【新建站点】命令进入站点定义对话框。

1 输入站点名称及位置	**2 选择【服务器】标签**
输入站点名称为"DWMXPHP测试网站"，选择本地站点文件夹位置为"C:\Apache2.2\htdocs"。	选择【服务器】标签，单击【+】按钮。
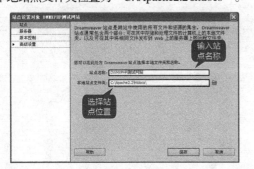	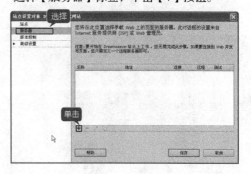

3 输入服务器名称

在【基本】选项卡的【服务器名称】文本框中输入"DWMXPHP测试网站"。

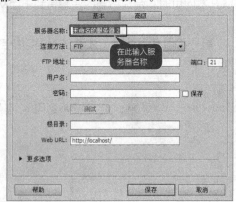

4 选择连接方法

选择连接方法为"本地/网络"，选择服务器文件夹为"C:\Apache2.2"，单击【高级】选项卡。

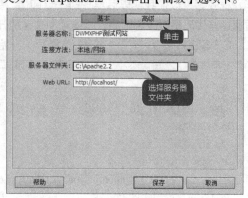

5 保存站点设置

设置测试服务器的服务器模型为"PHP MySQL"，最后单击【保存】按钮保存站点设置。

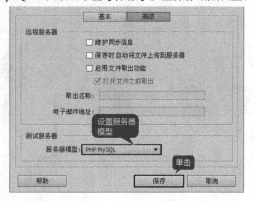

6 查看设置的结果

回到原编辑画面，如下图所示，在【文件】面板上会显示所设置的结果。

小提示

其他可选的服务器模型有ASP VBScript、ASP JavaScript、ASP. NET（C#、VB）、ColdFusion、JSP等。

第 2 章
CSS 3 基本语法

 本章视频教学时间：49 分钟

"万丈高楼平地起"，在深入了解CSS 3之前，我们必须掌握CSS 3的基本语法，本章主要介绍在HTML中使用CSS的方法及有关单位和选择器使用语法。

【学习目标】

通过本章的学习，掌握在 HTML 中使用 CSS 的方法，理解 CSS 选择器和 CSS 常用单位。

【本章涉及知识点】

基本 CSS 选择器

在 HTML 中使用 CSS 的方法

CSS 3 的声明方式

几种常见属性

注释语句的使用

2.1 构造CSS规则

 本节视频教学时间：5分钟

现实世界中，认识一个对象，需要从两个方面入手，一个是特征，一个是行为。特征可以理解为现实对象的属性，例如每个人都有身高。同样可以对小轿车的属性进行如下描述。

```
小轿车{
    车身颜色：红色；
    轮子：4个；
    品牌：红旗；
    车体：两厢；
}
```

通过这样的描述，我们就能想象到这个车的情况。整个描述由3个元素组成：对象、属性和属性值。括号内的每一行分别描述了这个小轿车的一个属性和属性值。

CSS作为一种语言也是符合现实世界中认识对象的思维，通过属性来显示对象。例如，可以将一个段落作为对象，其中段落的字体大小、字体颜色、字形都可以作为段落的特征，CSS可以用这些属性值来定义段落形式。

```
段落{
    字体：宋体；
    大小：16像素；
    颜色：蓝色；
}
```

我们把上面的文字描述转成页面语言，如下。

```
P{
Font-family:宋体;
Font-size:16px;
Color:blue;
}
```

这就是CSS语言的表述方式。由此可见，CSS语言规则其实跟大多数语言一样，都是采用属性来描述对象的。

总之，CSS语言对于一个对象的描述就是通过属性和属性值进行表达，一个CSS描述中必定包括"对象"、"属性"和"属性值"3个基本部分。

2.2 实例1——基本CSS选择器

 本节视频教学时间：17分钟

在CSS的3个基本构成中，"对象"是最为重要的，它指定了对哪些网页元素进行设置，在CSS中它有个专用名词：选择器。

选择器是CSS中极为重要的一个概念和思想，所有页面元素都是通过不同的选择器进行控制的。在使用中，我们只需要把设置好属性及属性值的选择器绑定到一个个HTML标签上，就可以实现各种效果，达到对页面的控制。

在CSS中，可以根据选择器的类型把选择器分为基本选择器和复合选择器，复合选择器是建立在基本选择器之上，对基本选择器进行组合形成的。本章先介绍基本选择器。

基本选择器包括标记选择器、类别选择器和ID选择器3种，下面我们进行介绍。

2.2.1 标记选择器

HTML文档是由多个不同标记组成，而标记选择器就是声明那些标记采用的样式。例如p选择器，就是用于声明页面中所有\<p\>标记的样式风格。同样也可以通过h1选择器来声明页面中所有\<h1\>标记的CSS风格。

1. 新建文件

1 打开【新建文档】对话框

在Dreamweaver CS6中单击【文件】➤【新建】命令，弹出【新建文档】对话框，如下图所示。

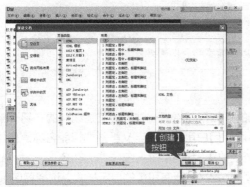

2 单击【创建】按钮

单击上图中的【创建】按钮，转到【拆分】界面，如下图所示。

3 修改\<title\>标记名称

选择【文件】➤【保存】命令，保存为02-01.html，手动修改\<title\>标记名称为标记选择器，并在\<body\>中插入多个\<p\>标记。

```
1  <!DOCTYPE html PUBLIC "-//W3C//DTD XHTML 1.0 Transitional//EN"
   "http://www.w3.org/TR/xhtml1/DTD/xhtml1-transitional.dtd">
2  <html xmlns="http://www.w3.org/1999/xhtml">
3  <head>
4  <meta http-equiv="Content-Type" content="text/html; charset=utf-8" />
5  <title>标记选择器</title>
6  </head>
7
8  <body>
9  <p>标记选择器1</p>
10 <p>标记选择器2</p>
11 <p>标记选择器3</p>
12 <p>标记选择器4</p>
13 </body>
14 </html>
```

4 浏览结果

按【F12】键在浏览器中预览，结果如下图所示。

2. 加入p标记选择器

在\<title\>标签后加入如下代码。

```
<style  type="text/css">        /*定义CSS样式*/
p{                              /*定义p标记的属性*/
 font-size:40px;                /*设置字体大小*/
 color:#F00;                    /*设置文字显示颜色*/
 font-weight:bold;              /*设置字体加粗*/
 }
</style>
```

上面代码定义了一个标记选择器p，其属性font-size定义了字体大小，color定义了字体颜色，font-weight定义了字体加粗显示。

按【F12】键运行，浏览结果如下图所示。

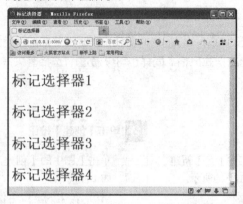

 小提示

只要定义了p选择器，那么在网页中出现的多个<p>标签都会发生变化。

2.2.2 类别选择器

在实际应用中，不会像上节中所有段落都要是红色的，如果仅希望一部分段落是红色的，另一部分段落是蓝色的，该怎么做呢？这就需要用到类别选择器。用户可以自由定义类别选择器名称，但也必须遵守CSS的3个要素。下面的例子就通过类别选择器更改第3和第4个p标签文字为蓝色。

(1) 新建实例文件02-02.htm，代码如下，其中选择器p定义了所有段落的显示样式，选择器blue定义了部分字体显示样式，即显示颜色为蓝色。

```
<!DOCTYPE html PUBLIC "-//W3C//DTD XHTML 1.0 Transitional//EN" "http://www.w3.org/TR/xhtml1/
DTD/xhtml1-transitional.dtd">
<html xmlns="http://www.w3.org/1999/xhtml">
<head>
<meta http-equiv="Content-Type" content="text/html; charset=utf-8" />
<title>类别选择器</title>
<style type="text/css">        /*定义CSS样式*/
p{                        /*定义p标记的属性*/
 font-size:40px;
 color:#F00;
 font-weight:bold;
 }
</style>
</head>
<body>
<p>标记选择器1</p>
<p>标记选择器2</p>
<p class="blue">标记选择器3</p>
<p class="blue">标记选择器4</p>
</body>
</html>
```

小提示

由于创建文件过程都是一样的步骤，从本实例开始，就不再介绍创建文件的过程。具体操作步骤请参看2.2.1节。

(2) 按【F12】键运行，结果如下图所示。

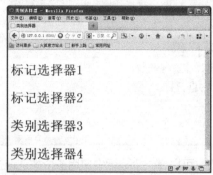

通过本例我们可以看到，类别选择器与标记选择器在定义上几乎是一样的，仅需要自己定义一个名称，在需要使用的地方通过"class=类别选择器名称"就能灵活使用。

类别选择器还有一个特点，就是它可以作用在不同标签元素上，下面的例子就是类别选择器分别作用于p标签和h标签上。h标签是HTML用于定义标题样式的标记。

(1) 新建文件02-03.html，输入如下代码，创建一个blue类别选择器，定义了字体显示大小、字体颜色和字体加粗。在下面的HTML页面中，段落和标题都引用了这个样式，即表示标题和段落显示同一个样式。

```
<!DOCTYPE html PUBLIC "-//W3C//DTD XHTML 1.0 Transitional//EN" "http://www.w3.org/TR/xhtml1/
DTD/xhtml1-transitional.dtd">
<html xmlns="http://www.w3.org/1999/xhtml">
<head>
<meta http-equiv="Content-Type" content="text/html; charset=utf-8" />
<title>类别选择器</title>
<style type="text/css">        /*定义CSS样式*/
.blue{                         /*定义类别选择器的属性*/
 font-size:40px;          /*设置字体大小*/
 color:#00F;              /*设置字体颜色*/
 font-weight:bold;        /*设置字体加粗*/
 }
</style>
</head>
<body>
<p class="blue">类别选择器3</p>
<p class="blue">类别选择器4</p>
<h1 class="blue">h1同样适用</h1>
</body>
</html>
```

(2) 按【F12】键运行，结果如下图所示。

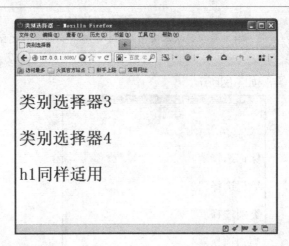

　　类别选择器的使用是很灵活的，可以在一个标记中使用多个类别选择器，达到复合使用的效果，实例如下。

　　(1) 新建02-04.html，输入如下代码，这里创建了两个类别选择器，其中red选择器定义了字体颜色，big选择器定义了字体大小。在HTML页面中，第三个段落同时使用了red和big两个选择器。

```
<!DOCTYPE html PUBLIC "-//W3C//DTD XHTML 1.0 Transitional//EN" "http://www.w3.org/TR/xhtml1/
DTD/xhtml1-transitional.dtd">
<html xmlns="http://www.w3.org/1999/xhtml">
<head>
<meta http-equiv="Content-Type" content="text/html; charset=utf-8" />
<title>类别选择器</title>
<style  type="text/css">                    /*定义CSS样式*/
.red{
    color:#F00;                          /* 设置字体颜色 */
}
.big{
    font-size:32px;                      /* 设置字体大小 */
}
</style>
</head>
<body>
    <p>一种都不使用</p>
    <p class="red">两种class，只使用red</p>
    <p class="big">两种class，只使用big </p>
    <p class="red big">两种class，同时red和big</p>
</body>
</html>
```

　　(2) 按【F12】键运行，结果如下图所示。

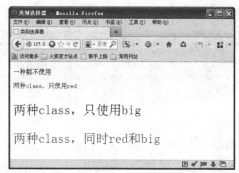

从运行结果中我们可以看到，在第一行没有使用任何类别选择器，第二行使用了red选择器，文字颜色变为红色，第三行使用big选择器，改变了字体的大小，第四行同时使用red和big选择器，文字的颜色和字体的大小同时发生了改变。

 小提示

本例仅同时使用颜色和大小两种类别选择器，实际开发中可以同时使用多个选择器。

2.2.3 ID选择器

ID选择器和类别选择器类似，都是针对特定属性的属性值进行匹配。ID选择器定义的是某一个特定的HTML元素，一个网页文件中只能有一个元素使用某一ID的属性值。在JS框架没有出现之前，ID选择器结合JavaScript使用是唯一的选择。

在页面的标记中只要利用ID属性，就能调用CSS中的ID选择器。下面的例子实现在页面中应用ID选择器。

(1) 打开随书光盘中的"源文件\ch02\02-05.html"，创建了两个选择器，分别是red和big。其中red定义了字体颜色，big定义了字体大小。下面三个段落分别调用了这两个选择器。

```
<!DOCTYPE html PUBLIC "-//W3C//DTD XHTML 1.0 Transitional//EN" "http://www.w3.org/TR/xhtml1/
DTD/xhtml1-transitional.dtd">
<html xmlns="http://www.w3.org/1999/xhtml">
<head>
<meta http-equiv="Content-Type" content="text/html; charset=utf-8" />
<title>ID选择器</title>
<style  type="text/css">                    /*定义CSS样式*/
#red{
    color:#F00;                            /* 设置字体颜色 */
}
#big{
    font-size:32px;                         /* 设置字体大小 */
}
</style>
</head>
<body>
    <p id="red">ID选择器red</p>
    <p id="big">ID选择器big</p>
    <p id="red big">两种class，同时red和big</p>
</body>
</html>
```

(2) 按【F12】键运行，结果如下图所示。

小提示

从上图运行结果我们看到ID选择器不支持多个复用。ID选择器在一个页面中只使用一次，是因为具有ID属性的标签一般都还有其他作用，比如需要在JavaScript中应用ID查找元素，所以要保证具有ID属性的标签唯一。

2.3 实例2——在HTML中使用CSS

本节视频教学时间：11分钟

掌握了选择器的基本知识之后，就可以使用CSS对页面进行控制了。在页面中使用CSS样式有以下几种方法：行内样式、内嵌式、链接式和导入式。

2.3.1 行内样式

行内样式是直接把CSS代码添加到HTML的标记中，即作为HTML标记的属性标记存在。通过这种方法，可以很简单地对某个元素单独定义样式。

(1) 新建文件02-06.html，输入下面代码，创建了三个段落p，可以发现在段落p中，定义了一个属性style，用于定义段落的显示样式，例如字体颜色和字体大小。

```
<!DOCTYPE html PUBLIC "-//W3C//DTD XHTML 1.0 Transitional//EN" "http://www.w3.org/TR/xhtml1/
DTD/xhtml1-transitional.dtd">
<html xmlns="http://www.w3.org/1999/xhtml">
<head>
<meta http-equiv="Content-Type" content="text/html; charset=utf-8" />
<title>行内样式</title>
 </head>
<body>
    <p style="font-size:16px; color:#F00;">行内样式1</p>
    <p style="font-size:24px; color:#00F;">行内样式2</p>
    <p style="font-size:30px; color:#0F0; font-weight:bold;">行内样式3</p>
</body>
</html>
</html>
```

(2) 按【F12】键运行，结果如下图所示。

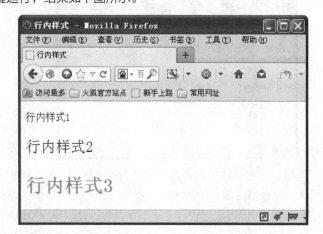

从实例中看到行内样式是通过使用属性style进行定义的，可以任意在一个p标签中。同时，可以发现如果在一个大的应用中所有标签都使用行内样式，后期的维护投入也是很大的，从这方面上来说，应尽量避免使用行内样式。

2.3.2 内嵌式

内嵌式就是把样式表写在<head>标签中，并用<style>标签去声明，在2.2节中的例子就是应用内嵌方式。下面的例子也是使用内嵌式。

(1) 打开随书光盘中的"源文件\ch02\02-07.html"，代码如下。

```
<!DOCTYPE html PUBLIC "-//W3C//DTD XHTML 1.0 Transitional//EN" "http://www.w3.org/TR/xhtml1/
DTD/xhtml1-transitional.dtd">
<html xmlns="http://www.w3.org/1999/xhtml">
<head>
<meta http-equiv="Content-Type" content="text/html; charset=utf-8" />
<title>内嵌式</title>
<style type="text/css">          /*定义CSS样式*/
.red{
    color:#F00;                  /*设置字体颜色 */
}
</style>
</head>
<body>
    <p class="red">内嵌式第一行</p>
    <p class="red">内嵌式第二行</p>
    <p class="red">内嵌式第三行</p>
</body>
</html>
```

(2) 按【F12】键运行，结果如下图所示。

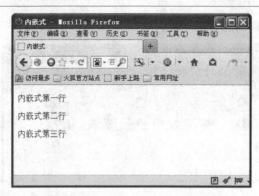

采用内嵌方式书写CSS样式，明显比使用行内样式产生的代码少，并且维护量也会减少。如果在网站中有很多页面都有同样的标签属性值，使用内嵌式就意味着需要在每个这样的页面都进行同样的输入和维护，显然很不合适，所以内嵌方式比较适合那些单页面信息具有独特风格的页面。

2.3.3 链接式

链接样式很好地将"页面内容"和"样式风格代码"分离成两个文件或多个文件，实现了页面框架HTML代码和CSS代码的分离，使前期制作和后期维护都十分方便。同一个CSS文件，根据需要可以链接到网站中所有的HTML页面上，使得网站整体风格统一、协调，并且后期维护的工作量也大大减少。

链接样式是指在外部定义CSS样式表并形成以.css为扩展名的文件，然后在页面中通过<link>链接标记链接到页面中，而且该链接语句必须放在页面的<head>标记区，如下例。

(1) 打开随书光盘中的"源文件\ch02\02-08.html"，代码如下。

```
<!DOCTYPE html PUBLIC "-//W3C//DTD XHTML 1.0 Transitional//EN" "http://www.w3.org/TR/xhtml1/
DTD/xhtml1-transitional.dtd">
<html xmlns="http://www.w3.org/1999/xhtml">
<head>
<meta http-equiv="Content-Type" content="text/html; charset=utf-8" />
<title>链接式</title>
<link href="02-08.css" type="text/css" rel="stylesheet" />
</head>
<body>
    <p class="red">链接式第一行</p>
    <p class="red">链接式第二行</p>
    <p class="red">链接式第三行</p>
</body>
</html>
```

(2) 打开随书光盘中的"源文件\ch02\02-08.css"，代码如下。

```
.red{
        color:#F00;                          /* 设置字体颜色 */
}
```

(3) 按【F12】键运行，结果如下图所示。

2.3.4 导入式

导入式与链接式在使用上非常相似，都实现了页面与样式的文件分离。区别在于导入式在页面初始化时，把样式文件导入到页面中，这样就变成了内嵌式，而链接式仅是发现页面中有标签需要格式时候才以链接方式引入，比较看来还是链接式最为合理。

导入式是通过@import在<style>标签中进行声明的，如下例。

(1) 打开随书光盘中的"源文件\ch02\02-09.html"，代码如下。

```
<!DOCTYPE html PUBLIC "-//W3C//DTD XHTML 1.0 Transitional//EN" "http://www.w3.org/TR/xhtml1/
DTD/xhtml1-transitional.dtd">
<html xmlns="http://www.w3.org/1999/xhtml">
<head>
<meta http-equiv="Content-Type" content="text/html; charset=utf-8" />
<title>导入式</title>
<style type="text/css">
<!--
@import url(02-08.css);              /*导入样式*/
-->
</style>
</head>
<body>
    <p class="red">导入式第一行</p>
    <p class="red">导入式第二行</p>
    <p class="red">导入式第三行</p>
</body>
</html>
```

(2) 按【F12】键运行，结果如下图所示。

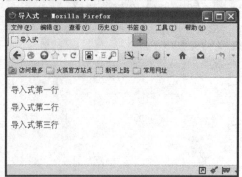

 小提示

从运行结果中可以看到，导入式与链接式运行效果一样。导入式除了可以在同一页面中导入多个样式文件，还可以在样式文件中使用import进行导入。

2.3.5 各种方式的优先级

CSS 优先级，是指CSS 样式在浏览器中被解析的先后顺序。既然样式有优先级，那么就会有一个规则来约定这个优先级，而这个"规则"就是重点。当同一个页面采用了多种CSS使用方式，例如行内样式、链接样式和内嵌样式，如果这几种样式共同作用于同一个标记，就会出现优先级问题，即究竟哪种样式设置有效果。如果内嵌样式设置字体为宋体，链接样式设置为红色，那么二者会同时生效；如果都设置字体颜色，情况就会复杂。

前面介绍过4种样式表，分别是行内样式、内嵌式、链接式和导入式，它们的优先关系是：行内样式>内嵌式>导入式>链接式。

2.4 CSS 3的声明

 本节视频教学时间：6分钟

使用CSS选择器可以控制HTML标记样式，其中每个选择器属性可以一次声明多个，即创建多个CSS属性修饰HTML标记，实际上也可以将选择器声明多个，并且任何形式的选择器（如标记选择器、类别选择器、ID选择器等）都是合法的。

一般来说CSS有两种声明方式：标准声明和合并多重声明。

2.4.1 标准声明

标准声明格式是最典型的CSS声明方式，可以表示如下。

元件(标签) {性质(属性)名称：设定值}

例如：

H1 {COLOR: BLUE}   /*设置字体颜色*/

上面代码中H1表示标签，COLOR表示属性，BLUE表示设定值。标准声明格式是CSS声明中最小的单位，所以又被称为基本声明。

2.4.2 合并多重声明

在标准声明中，是每个标签与一组属性一一对应。合并多重声明则是另外一种对应形式，即多个标签对应一组属性或一个标签同时声明多个属性并用分号隔开，可以表示如下。

```
元件A(标签A)，元件B(标签B)，元件C(标签C) ... {
性质(属性)名称1： 设定值1;
性质(属性)名称2： 设定值2;
...}
```
或
```
元件(标签) {
性质(属性)名称1： 设定值1;
性质(属性)名称2： 设定值2;
... }
```
例如：
```
H1, P{                        /*多元件合并声明*/
COLOR: BLUE;                  /*声明颜色*/
FONT-SIZE: 9PX;               /*声明字号*/
}
```
或
```
P {                           /*多属性合并声明*/
COLOR: BLUE;                  /*声明颜色*/
FONT-SIZE: 9PX;               /*声明字号*/
}
```

 小提示

从合并多重声明中可以看到，这样声明比较有利于减少代码量。

2.5 属性值

本节视频教学时间：8分钟

在CSS中，每个属性的属性值都有一定的范围，并且不同类型的属性有不同的值。对于一个属性，必须取得正确的属性值，才能被浏览器正确地解释，因此一定要弄清每种类型的属性值范围。在CSS中属性值一般有以下几种类型：整数和实数、长度值、百分比值、URL和颜色值5种。

2.5.1 整数和实数

在CSS中，整数可以包括正整数、负整数和零，不能有小数。如果整数或小数后面带有单位px，表示像素。px叫像素，这是目前来说使用最为广泛的一种单位，1像素也就是屏幕上的一个小方格，这个通常是看不出来的。由于显示器有多种不同的大小，它的每个小方格大小是有所差异的，所以像素单位的标准也不都是一样的。整数型属性值如下所示。

```
body{
        margin: 0;              /*设置边距为0*/
}
P{
        font-size:12px;         /*设置字号*/
        margin:-2px;            /*设置负边距*/
        border:5px;             /*设置边框为5像素*/
}
```

实数包括整数，而且可以有小数。CSS 3中，em用于给定字体的font-size值，例如，一个元素字体大小为12px，那么1em就是12px，如果该元素字体大小改为15px，则1em就是15px。简单来说，无论字体大小是多少，1em总是字体的大小值。em的值总是随着字体大小的变化而变化的。如：

```
P{
  Font-size:1.5em;                /*设置字号为小数1.5em*/
}
```

2.5.2 长度值

长度值可以是正整数、负整数、零和小数的任一实数。下面代码定义了DIV层宽度为500像素，外边距为0像素，边框为负数。

```
Div{
  Width:500px;                /*设置宽度*/
  Margin:0;                   /*设置边距为零*/
  Border:-2px;                /*设置边框为负数*/
}
```

小提示

当长度为0时可以不带单位。

很多属性可以使用负数的长度值，如果负数的长度值超出了CSS能容纳的限制，此长度值将被转变为可以支持的最接近的长度；如果某个属性不支持负数的长度，那么这个属性的声明将是无效的声明。

2.5.3 百分比值

百分比就是一个正整数加%，在CSS中百分比是一个相对值，依赖于参照的其他元素，例如：

```
body
{
        margin: 0;          /*设置边距为0*/
}
div
{
        width: 50%;         /*设置宽度为百分比值*/
        height:50%;         /*设置高度为百分比值*/
}
```

这个例子中的div就是相对于body整个页面框架的，意味着宽度和高度是整个页面的50%。

2.5.4 URL

在CSS中URL是一个字符串类型，它不分大小写，通常用来指定一个文件路径。其中"/phpMyAdmin/themes/"表示图片所在路径，"dot.gif"表示文件名称。例如：

```
Body{
background-image: url(/phpMyAdmin/themes/dot.gif);        /*设置背景图片*/
}
```

通过URL指明背景图片文件所在的位置。

2.5.5 颜色值

颜色在CSS中有多种表达方式，包括十六进制色、RGB颜色、RGBA颜色、HSL颜色、HSLA颜色，其中十六进制色最为常用。

CSS 3中可以直接用英文单词命名与之相应的颜色，这种方法优点是简单、直接、容易掌握。此处预设了16种颜色以及这16种颜色的衍生色，这16种颜色是CSS 3规范推荐的，而且一些主流的浏览器都能够识别它们。

当然，除了CSS预定义的颜色外，设计者为了使页面色彩更加丰富，还可以使用十六进制颜色和RGB颜色。十六进制颜色的基本格式为#RRGGBB。其中R表示红色，G表示绿色，B表示蓝色。而RR、GG、BB最大值为FF，表示十进制中的255，最小值为00，表示十进制中的0。例如，#FF0000表示红色，#00FF00表示绿色，#0000FF表示蓝色，#000000表示黑色，#FFFFFF表示白色，而其他颜色分别是通过红、绿、蓝三种基本色的结合而形成的。例如，#FFFF00表示黄色，#FF00FF表示紫红色。

如果要使用十进制表示颜色，则需要使用RGB颜色。十进制表示颜色，最大值为255，最小值为0。要使用RGB颜色，必须使用rgb(R,G,B)，其中R、G、B分别表示红、绿、蓝的十进制值，通过这三个值的变化结合，便可以形成不同的颜色。例如，rgb(255,0,0)表示红色，rgb(0,255,0)表示绿色，rgb(0,0,255)则表示蓝色。黑色表示为rbg(0,0,0)，白色表示为rgb(255,255,255)。

CSS 3新增加了HSL颜色表现方式。HSL色彩模式是工业界的一种颜色标准，它通过对色调(H)、饱和度(S)、亮度(L)三个颜色通道的改变以及它们相互之间的叠加来获得各种颜色。

RGBA也是CSS 3新增颜色模式，RGBA色彩模式是RGB色彩模式的扩展，在红、绿、蓝三原色的基础上增加了不透明度参数。

下面是使用十六进制色设定属性值的例子。

```
P{
Background-color:#0000FF;     /*设置背景颜色为十六进制颜色值*/

}
```

 小提示

由于其他颜色表达方式不大常用，这里不再讲述。

2.6 CSS的继承

 本节视频教学时间：2分钟

HTML网页可以看作是一个节点的集合，在一个HTML文档中可以包含不同的标记，HTML文档中的每个成分都是一个节点。一个节点树可以把一个HTML文档展示为一个节点集，以及它们之间的连接。在一个节点树中，最顶端的节点被称为根。每一个节点，除根之外，都拥有父节点。一个节点可以有无限的子节点，叶是无子的节点，同级节点指拥有相同的父的节点。下图为一个节点树。

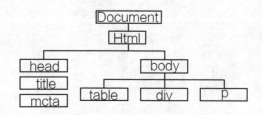

CSS继承指的是子标记会继承父标记的所有样式风格，并可以在父标记样式风格的基础上加以修改，产生新的样式，而子标记样式风格完全不会影响父标记。例如：

```
<html>
<head><title>多重嵌套声明</title>
<style>
p{font-size:20px;color:red}
span{font-size:30px;}
</style></head><body>
<p>这是一个继承<span>测试</span></p>
</body></html>
```

在Firefox 5.0中可以看到，一般段落字体颜色为红色，大小为20px，但段落span标记中的文本字体颜色为红色，大小为30px。此样式首先继承了父标记中的颜色样式，并重新定义了自己的字号大小。

举一反三

对于margin、border、padding这三个属性的多个属性值都是一样的，可以进行合并声明。例如：

```
p{                                      /*声明一个标记选择器*/
        margin-top:10px;                /*声明上边距*/
        margin-right:10px;              /*声明右边距*/
        margin-bottom:10px;             /*声明下边距*/
        margin-left:10px;               /*声明左边距*/
}
```

可以合并为：

```
p{
  margin:10px;                /*同时声明上下左右边距为10px*/
}
```

 ## 高手私房菜

技巧：利用全局选择器"*"进行声明

在实际网页制作中，经常会遇到某些页面中的所有标记都是用同一种CSS样式，比如弹出的小对话框和上传附件的小窗口等，如果逐个声明起来会很麻烦，这时可以利用全局选择器"*"进行声明。"*"表示全局所以元素，都可以进行匹配。代码如下。

```
<style type="text/css">
*{                        /*全局声明*/
  color:white;            /*设置字体颜色*/
  Font-size:14px;         /*设置字号*/
}
</style>
```

第 3 章

手工与借助工具编写网页样式

 本章视频教学时间：49 分钟

学习了前面章节的知识之后，我们就可以动手创建一个网页，然后通过 CSS进行样式控制。本章分别通过使用手工与借助工具编写的方式，讲述如何完成一个使用CSS技术的网页，目的是为了让读者对CSS技术使用流程有一个正确的认识。

【学习目标】

通过本章的学习，掌握在网页中使用 CSS 的方法和步骤，并且掌握手动方式和借助工具方式使用 CSS 设置样式。

【本章涉及知识点】

设置标题

控制图片

设置正文

使用 Dreamweaver CS6 创建页面

使用 Dreamweaver CS6 新建 CSS 规则

3.1 实例1——手工编写

本节视频教学时间：28分钟

在前面章节，读者已经初步接触了使用Dreamweaver软件创建网页文件，也学习了如何使用CSS来控制网页内容的显示方式，这些只是网页制作的初步知识，更深入的内容将从本章开始慢慢地介绍。现在从零开始，手工编写HTML文件，逐渐加深熟悉编辑网页文件的基本流程。

3.1.1 从零开始

首先我们需要建立页面的基本框架，按照如下步骤进行。

(1) 新建文件。在所在目录下单击鼠标右键，在菜单中选择【新建】▶【文本文档】菜单命令，如下图所示。

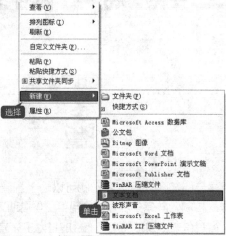

(2) 重命名文档为03-01.html，如下图所示。

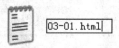

(3) 在03-01.html文件上单击鼠标右键，选择【打开方式】▶【记事本】选项，使用记事本打开新建的页面文件，如下图所示。

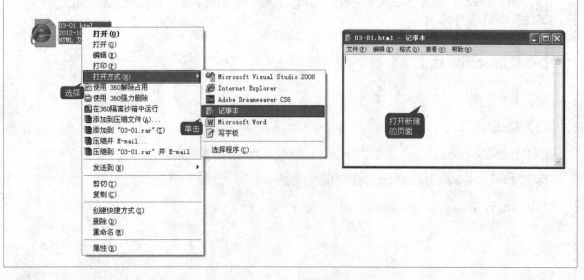

(4) 在打开的记事本中，输入html的基本框架代码，如下所示。

```
<html>
<head>
<title>手工使用CSS技术制作网页实例过程</title>
</head>
<body>
</body>
</html>
```

(5) 在<body>标签中加入内容信息标题，代码如下。

```
<h1>智慧与美貌并重 青年人最爱的手机推荐</h1>
```

(6) 使用<img>标记插入一幅图片，代码如下。

```
<img src="phone.gif" width="207" height="128"/>
```

(7) 使用<p>标记输入正文内容，代码如下。

```
<p>手机产业的发展越来越快，手机的智能化已经成为当今市场上的主流趋势。对一部智能手机来说，
高配置固然重要，但是漂亮的外观和时尚的工业设计也是吸引消费者购买欲望的重要因素，尤其是对
于爱美的女性消费者来说，手机出众的外观更是有着不小的吸引力。</p>
<p>一款漂亮的手机对于女性朋友而言，不仅仅是一个常用的工具，更是一个像饰品一样的点缀，为气
质增添光彩。今天，小编就给各位青年人推荐几款智慧与美貌并重的手机吧。</p>
```

用浏览器查看此时的页面文件，由于页面文件没有经过CSS控制，排版布局比较混乱，如下图所示。

3.1.2 设置标题

接下来开始使用CSS样式对网页中的标签元素逐个进行控制，首先处理标题。为了让标题更加醒目，给它加一个绿色背景，使用红色字体居中，并与正文保持一定的间距。

在<head>标签中加入<style>标签，并书写h1的CSS应用规则（源文件参见随书光盘中的"源文件\ch03\03-02.html"），主要代码如下。

```
<html>
<head>
<title>手工使用CSS技术制作网页实例过程</title>
<style>
h1{                                    /*定义hi标记选择器*/
        color:red;                     /* 文字颜色*/
        background-color:#49ff01;      /* 背景色 */
        text-align:center;             /* 居中 */
        padding:20px;                  /* 边距 */
}
</style>
</head>
```

用浏览器打开查看，标题已经非常清晰和突出了，效果如下图所示。

3.1.3 控制图片

接着开始处理图片，使图片与文字的排列更加协调。

在<style>中加入如下代码（源文件参见随书光盘中的"源文件\ch03\03-03.html"）。

```
img{                          /*定义img标记选择器*/
float:left;                   /*居左*/
border:2px #F00 solid;        /*设置边框*/
margin:5px;                   /*设置边距*/
}
```

用浏览器打开查看，效果如下图所示。

3.1.4 设置正文

在上一小节中正文文字排列过于紧密，需要调整，同时改变字体大小。

代码如下（源文件参见随书光盘中的"源文件\ch03\03-04.html"）。

```
p{
font-size:12px;               /*设置正文字号*/
text-indent:2em;              /*设置文本缩进*/
line-height:1.5;              /*设置行间距*/
padding:5px;                  /*设置段落之间边距*/
}
```

用浏览器打开查看，效果如下图所示。

3.1.5 设置整体页面

设置完标题、图片和正文之后，是不是就意味着工作已经做完了呢？当然不是的，接下来还有两项工作要做，就是设置整体页面和对段落的控制。下面先介绍怎么设置整体页面。

我们在网络上经常看到一些网站有一个红色、蓝色等背景色，就是通过设置页面的<body>标签样式实现的。

在<style>标签中加入如下代码（源文件参见随书光盘中的"源文件\ch03\03-05.html"）。

```
body{
margin:0px;                    /*设置边距*/
background-color:#099;         /*设置背景颜色*/
}
```

用浏览器打开查看，效果如下图所示。

3.1.6 对段落进行分别设置

对段落的设置就是调整段落文字效果和段落的表现，比如给第一段文字加上下画线，为第二段文字加上分割线。

代码如下（源文件参见随书光盘中的"源文件\ch03\03-06.html"）。

```
p1{ text-decoration:underline;              /*加下画线*/
}
.p2{ border-bottom:1px #FF0000 dashed;      /*加分割线*/
}
```

用浏览器打开查看，效果如下图所示。

3.1.7 完整代码

至此，通过手工完成一个内容页的CSS样式实现。完整代码如下（源文件参见随书光盘中的"源文件\ch03\03-06.html"）。

```
<html>
<head>
<title>手工使用CSS技术制作网页实例过程</title>
<style>
body{
margin:0px;                        /*设置边距*/
background-color:#099;             /*设置背景颜色*/
}
h1{
        color:red;                 /* 标题文字颜色*/
        background-color:#49ff01;  /* 背景色 */
        text-align:center;         /* 居中 */
        padding:20px;              /* 边距 */
}
img{
float:left;                        /*居左*/
border:2px #F00 solid;             /*设置边框*/
margin:5px;                        /*设置边距*/
}
p{
font-size:12px;                    /*设置正文字号*/
text-indent:2em;                   /*设置文本缩进*/
line-height:1.5;                   /*设置行间距*/
```

```
    padding:5px;                              /*设置段落之间边距*/
    }
    .p1{ text-decoration:underline;          /*设置文字下画线*/
    }
    .p2{ border-bottom:1px #FF0000 dashed;    /*设置分割线*/
    }
    </style>
    </head>
    <body>
    <h1>智慧与美貌并重 青年人最爱的手机推荐</h1>
    <img src="phone.gif" width="207" height="128"/>
    <p class="p1">手机产业的发展越来越快，手机的智能化已经成为当今市场上的主流趋势。对一部智能
    手机来说，高配置固然重要，但是漂亮的外观和时尚的工业设计也是吸引消费者购买欲望的重要因素，尤
    其是对于爱美的女性消费者来说，手机出众的外观更是有着不小的吸引力。</p>
    <p class="p2">一款漂亮的手机对于女性朋友而言，不仅仅是一个常用的工具，更是一个像饰品一样的
    点缀，为气质增添光彩。今天，小编就给各位青年人推荐几款智慧与美貌并重的手机吧。</p>
    </body>
    </html>
```

3.2 实例2——使用Dreamweaver编写

本节视频教学时间：21分钟

在手工编写制作页面的时候，会遇到这样的问题，就是要求用户对各个标签属性进行准确的记忆，才能熟练编写，这对于刚接触CSS的新手来说显然很吃力。那么有没有办法不通过识记这些属性就能快速上手呢？回答是肯定的。那就是通过工具软件辅助，这里介绍的是Dreamweaver CS6。并且对于熟手来说，使用工具可以加大开发的进度，并且容易维护。

3.2.1 使用Dreamweaver创建页面

使用Dreamweaver编写代码的步骤如下。

(1) 打开Dreamweaver CS6，单击【文件】▶【新建】命令，创建新的html文件，并保存为03-07.html，更改<title>标签内容为"Dreamweaver CS6制作实例"，效果如下图所示。

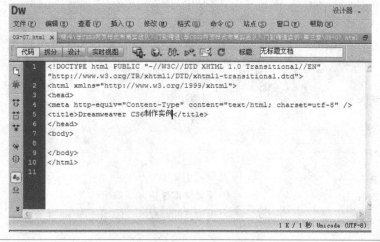

(2) 选择拆分模式，把光标定位到右边设计框里，输入三段文字信息，在段落结束按【Enter】键，效果如下图所示。

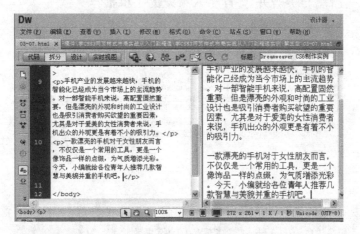

(3) 选中第一行，在下面的【属性】窗口选择【格式】为"标题1"，结果如下图所示。

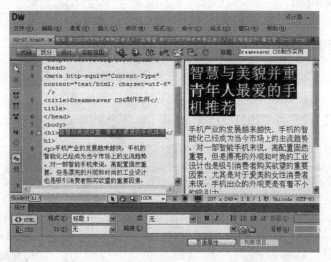

(4) 在标题下新增加一行，选择【插入】▶【图像】命令，结果如下图所示。

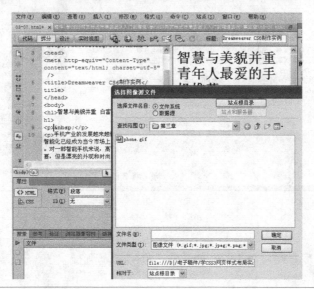

(5) 选择图片后单击【确定】按钮，在Dreamweaver中的效果如下图所示。

智慧与美貌并重 青年人最爱的手机推荐

手机产业的发展越来越快，手机的智能化已经成为当今市场上的主流趋势。对一部智能手机来说，高配置固然重要，但是漂亮的外观和时尚的工业设计也是吸引消费者购买欲望的重要因素，尤其是对于爱美的女性消费者来说，手机出众的外观更是有着不小的吸引力。

一款漂亮的手机对于女性朋友而言，不仅仅是一个常用的工具，更是一个像饰品一样的点缀，为气质增添光彩。今天，小编就给各位青年人推荐几款智慧与美貌并重的手机吧。

 小提示

至此我们已经通过Dreamweaver工具实现了3.1.1节中的效果。

3.2.2 在Dreamweaver中新建CSS规则

在上节我们已经通过工具实现基本的网页框架，接下来需要考虑怎么建立CSS规则，具体操作步骤如下。

(1) 在【CSS样式】标签框中单击鼠标右键，选择【新建】命令，如下图所示。

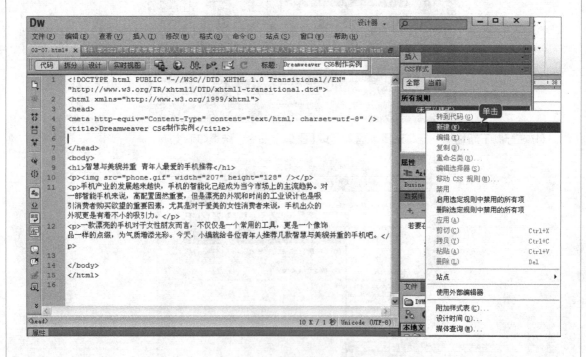

 小提示

可以选择菜单中【格式】▶【CSS】▶【新建】来创建规则。

(2) 打开【新建CSS规则】对话框，单击【为CSS规则选择上下文选择器类型】下拉按钮，在弹出的列表中选择【标签】选项，如下图所示。

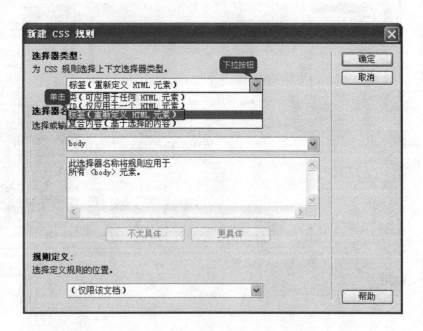

(3) 在【选择或输入选择器名称】下拉框中输入h1,单击【确定】按钮，弹出【h1的CSS规则定义】对话框，单击类型区域中的【color】按钮，如下图所示。

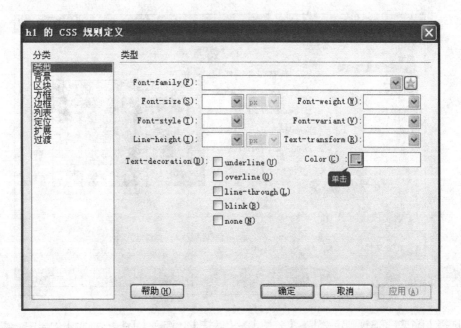

(4) 在弹出的颜色列表中选择红色，单击【确定】按钮，把标题字体设为红色，如下图所示。

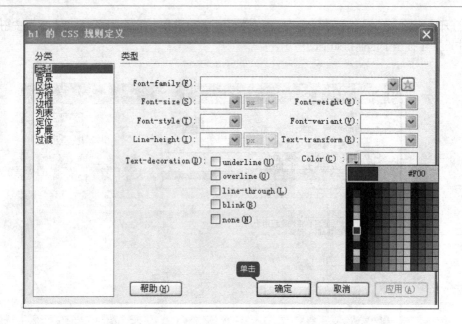

 小提示

颜色值可以选择一个十六进制的值，也可以输入手工制作时的"red"、"blue"等颜色字符串。

(5) 选择【h1的CSS规则定义】➤【分类】➤【背景】选项，选择【Background-color】颜色为绿色，如下图所示。

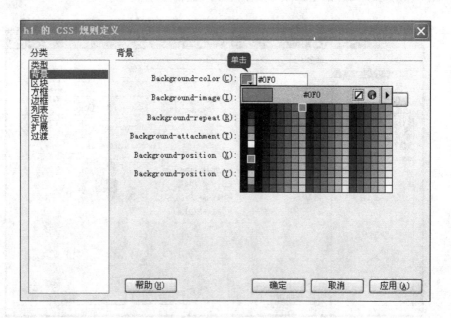

(6) 选择【h1的CSS规则定义】➤【分类】➤【区块】，选择【Text-align】为居中，实现把标题文字居中，如下图所示。

(7) 选择【h1的CSS规则定义】▶【分类】▶【方框】选项，如下图所示。

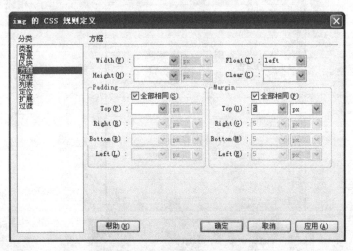

(8) 在右边方框设置padding为全部相同，值为20。这样h1标签的属性值就设置完了，单击【确定】按钮，在页面文件中已经增加了相应CSS规则，如下图所示。

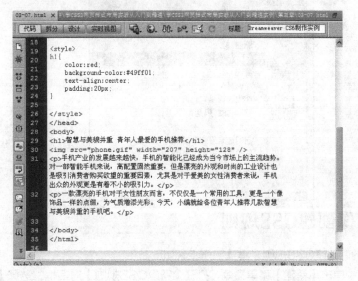

通过这个实践可以知道，使用工具可以实现与手工输入一致的效果。

3.2.3 在Dreamweaver中编辑CSS规则

在3.2.2节中我们学会了怎么设置h1标签的属性，如果我们认为某一属性设置不合理需要修改，该怎么操作呢？在Dreamweaver CS6有3种方式可以实现CSS规则的编辑。

(1) 在代码区域内直接进行CSS代码的修改。

(2) 在CSS样式区内单击h1，在h1标签属性框中进行修改，如下图所示。

需要修改哪一项只要单击一下就可以进行修改了。

(3) 右键单击CSS样式中的h1，在弹出的快捷菜单中，选择【编辑】选项即可编辑该项，如下图所示。

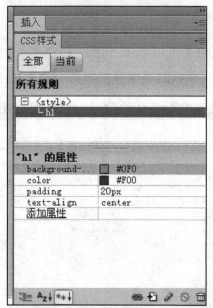

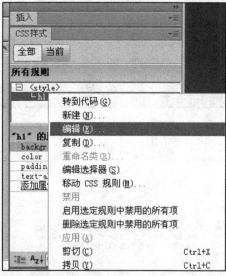

3.2.4 为图像创建CSS规则

下面我们来给图像创建CSS规则，具体操作步骤如下。

(1) 在CSS样式中单击【新建】菜单命令，打开【新建CSS规则】对话框，选择【选择器类型】为"标签"，选择【选择器名称】为img，如下图所示。

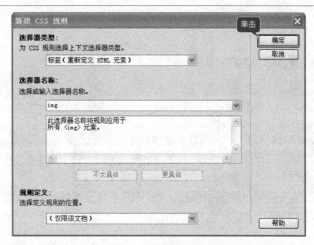

(2) 单击上图中的【确定】按钮，打开【img的CSS规则定义】对话框，选择【方框】选项。

单击【Float】选项下拉按钮，选择【left】选项,设置【Margin】选区中的选项为全部相同，值设为5，如下图所示。

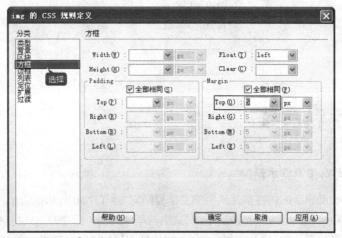

(3) 单击【img的CSS规则定义】左侧分类中的边框，如下图所示。

设置边框右侧属性为全部相同，"Style"值设为solid,"Width"值设为"2"; "Color"值设为"#F00"，至此图片CSS规则设置完毕，单击【确定】按钮，关闭规则编辑框。设置完后，可以发现实现效果与手工编写方式是一致的，没有什么不同。

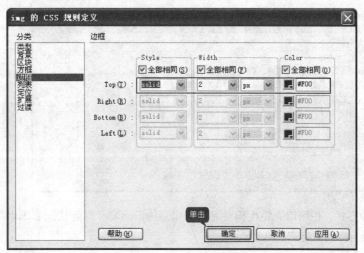

举一反三

在3.1.5节中我们设置整体页面样式为：

```
body{
margin:0px;                          /*设置边距*/
background-color:#099;               /*设置背景颜色*/
}
```

这时候的页面并不是我们常见的居中模式，而CSS中并没有如表格那样的"align=center"属性，那么怎么设置才能使页面居中呢？也是通过margin变通实现，只需要把margin属性的左右边距设为自动即可。

```
body{
width:900px;                         /*设置页面宽度*/
margin:10px auto;                    /*设置边距*/
background-color:#099;               /*设置背景颜色*/
}
```

高手私房菜

技巧：把 html代码作为文本粘贴

实际工作中，页面排版的内容多是从别的文档复制文本到Dreamweaver，经常会发现段落挤成一团，不好处理。Dreamweaver复制和粘贴文本有两种类别，标准的方式将对象连同对象的属性一起复制，把剪贴板的内容作为HTML代码；另一种方式仅复制或粘贴文本，复制时忽视html格式，粘贴时则把html代码作为文本粘贴。多按一个【Shift】键（【Ctrl+Shift+C】/【Ctrl+Shift+V】）即按后一种方式操作。当按下【Ctrl +Shift+V】组合键后会弹出【选择性粘贴】对话框，如下图所示。可以根据需要选择粘贴方式。

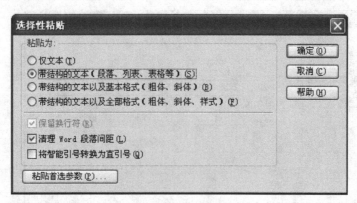

除了上面这种方式，也可以先将代码粘贴到一个空白记事本，然后从记事本中将代码复制到工具中。可以根据需要选择处理方式。

第 4 章

盒子模型

 本章视频教学时间：1 小时 30 分钟

CSS 3中提出了盒子模型来完成对元素的直接定位，即能够为页面元素定义边框，并修饰内容距离，从而优化文本内容的显示效果。盒子模型是 CSS 中的一个核心内容，页面中的所有元素都看成一个盒子，它占据着页面一定的空间。只有很好地掌握了盒子模型以及其中的每个属性的用法，才能真正控制好页面元素。本章主要介绍盒子模型，并讲解CSS定位方法。

【学习目标】

通过本章的学习，了解 DIV 布局中最常用的 margin、padding 属性和盒子常用属性等。

【本章涉及知识点】

盒子模型

盒子之间的关系

盒子在标准流中的定位原则

盒子的浮动

盒子的定位

4.1 盒子的内部结构

本节视频教学时间：5分钟

CSS 3中，所有的页面元素都包含在一个矩形框内，称为盒子。盒子描述了元素及其属性在页面布局中所占的空间大小。

在页面设计中有4个常见属性——content（内容）、padding（内边距）、border（边框）和margin（外边距），我们把这4部分组成转化成日常生活的盒子来理解，所以称为盒子模型。

content（内容）就是盒子里装的东西，padding（内边距）就是怕盒子里装的东西损坏而添加的泡沫或者其他抗震防挤压的辅料，border（边框）就是盒子本身了，margin（外边距）则说明盒子摆放的时候不能全部堆在一起，要留一定空隙。

在网页设计中，content常指文字、图片等元素，但是也可以是小盒子（DIV嵌套），padding只有宽度属性，可以理解为真实盒子中抗震辅料的厚度，而border有大小和颜色之分，又可以理解为真实盒子的厚度以及这个盒子的颜色或材料，margin就是该盒子与其他东西要保留多大距离，如下图所示。

从上图中可以看出，盒子的概念不难理解，但是如果需要精确排版，甚至1个像素都不差，这就需要非常精确地理解其中的计算方法。

一个盒子实际所占有的宽度（或高度）是由"内容+内边距+边框+外边距"组成的。在CSS中可以通过设置width和height的值来控制内容所占矩形的大小，并且对于任何一个盒子，都可以分别设定4条边各自的border、padding和margin，如下图所示。因此只要利用好这些属性，就能够实现各种各样的排版效果。

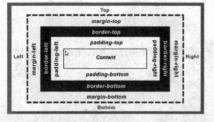

4.2 实例1——边框

本节视频教学时间：23分钟

本节主要讲述边框类型、属性值的简写形式等。

4.2.1 边框类型

在日常生活中，盒子都是由一定材质制成的，比如木制盒子和纸制盒子，在CSS中盒子即边框也有很多类型，如下表。

边框类型	说明
none	没有边框，无论边框宽度设为多大
dotted	点线式边框
dashed	破折线式边框
solid	直线式边框
double	双线式边框
groove	槽线式边框
ridge	脊线式边框
inset	内嵌效果的边框
outset	突起效果的边框

为了方便理解，使用Dreamweaver CS6制作实例（源文件参见随书光盘中的"源文件\ch04\04-01.html"）。

(1) 新建HTML文件，设置标题为"边框实例"，保存为04-01.html，如下图所示。

(2) 在body标签中输入如下代码。

```
<div style="border-style:dashed; color:#060;">破折线式边框</div><br />
<div style="border-style:dotted; color:#300;">点线式边框</div><br />
<div style="border-style:double; color:#6F0;">双线式边框</div><br />
<div style="border-style:groove; color:#00F;">槽线式边框</div><br />
<div style="border-style:inset; color:#F00;">内嵌效果的边框</div><br />
<div style="border-style:outset; color:#00F;">突起效果的边框</div><br />
<div style="border-style:ridge; color:#FF0;">脊线式边框</div><br />
<div style="border-style:solid; color:#0FF;">直线式边框</div>
```

小提示

加入 color 属性和 br 标签可以更方便地查看到每种类型边框的实际效果。

运行结果如下图所示。

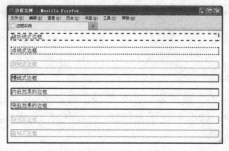

4.2.2 属性值的简写形式

在border中有三种属性,分别是宽度、样式、颜色,并且有四个"面",分别是border-top,border-right, border-bottom, border-left。根据实际需要我们可以给这四个"面"同时制定或分别制定、制定其中的一个或几个样式。假如我们要给4个边框都制定同样样式,每个属性都写一行代码,就需要写12行,这样一来就显得很麻烦,在实际中CSS提供了简写方式,减少不必要的代码书写。

(1) 所有边框使用同一样式,如下代码所示。

Border:2px red solid;   /*设置边框的样式*/

这行代码设置四个边框的宽度为2px,颜色为红色,样式为实线。

(2) 对不同边框设置不同的属性值,如下代码所示(源码参见"源文件\ch04\04-02.html")。

Border-color: red blue;   /*设置边框的颜色*/
Border-width:2px 3px 4px;   /*设置边框的宽度*/
Border-style:dotted dashed solid double;   /*设置边框的样式*/

从这三行代码可以知道,4个边框属性设置,可以指定2、3或4个属性值,它们有各自不同的意义。

2个指定值的意义:第一个值为上下边框属性赋值,第二个值为左右边框属性赋值。

3个指定值的意义:第一个值为上边框属性赋值,第二个值为左右边框属性赋值,第三个值为下边框属性赋值。

4个指定值的意义:第一值为上边框属性赋值,第二个值为右边框属性赋值,第三个值为下边框属性赋值,第四个值为左边框属性赋值。

那么上述代码的意思就是为上下边框颜色设为红色,左右边框颜色设为蓝色;上边框宽度设为2px;左右边框设为3px;下边框设为4px;上边框样式为点线式,右边框为破折线式,下边框为实线式,左边框为双线式。运行效果如下图所示。

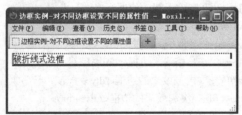

(3) 为某一边框设不同值。

也可在设定统一值之后,再为其中一个边框设定不同的值,如下代码。

Border:1px red solid;   /*定义整体边框样式*/
Border-top:2px bule dotted;   /*定义上边框样式*/

根据CSS的代码执行顺序,可以知道,第一行设定的border-top的效果将被第二行设定的效果取代。

4.2.3 边框与背景

在边框中还有一个需要注意的地方,就是边框与背景颜色同时出现的情况下,在不同浏览器中浏览可能会有些细微差别。如在IE中,边框不显示背景颜色,而在Firefox中,边框也能被背景颜色填充。

4.3 实例2——内边距

本节视频教学时间：5分钟

内边距（padding）用于控制内容与边框之间的距离，它和border很相似，padding只有一个宽度属性，其值可以设置1、2、3、4个属性值。

(1) **给出1个属性值：** 表示上下左右4个padding宽度都是该值。

(2) **给出2个属性值：** 第一个值表示上下padding的值，第二个值表示左右padding的值。

(3) **给出3个属性值：** 第一个值表示上padding的值，第二个值表示左右padding的值，第三个值表示下padding的值。

(4) **给出4个属性值：** 按照顺时针方向，依次表示上、右、下、左padding的值。

如果需要单独设置某一方向的padding，可以使用padding-left、padding-right、padding-top、padding-bottom4个属性来设置。从而可见，padding在书写规则上与border没有什么不同，区别只是border有三个属性，而padding只有一个属性。实例如下（源文件参见随书光盘中的"源文件\ch04\04-03.html"）。

```
<!DOCTYPE html PUBLIC "-//W3C//DTD XHTML 1.0 Transitional//EN" "http://www.w3.org/TR/xhtml1/
DTD/xhtml1-transitional.dtd">
<html xmlns="http://www.w3.org/1999/xhtml">
<head>
<meta http-equiv="Content-Type" content="text/html; charset=utf-8" />
<title>内边距实例</title>
<style type="text/css" >
div{ width:350px;                    /*定义盒子宽度*/
    Border:10px solid  #F00;         /*定义边框样式*/
    padding:10px 20px;               /*定义内边距*/
}
img{
    width:300px;                     /*定义图片宽度*/
    height:200px;                    /*定义图片高度*/
}
</style>
</head>
<body>
    <div ><img src="fox.jpg" /></div>
</body>
</html>
```

在浏览器中预览，显示效果如下图所示。

4.4 实例3——外边距

本节视频教学时间：7分钟

外边距（margin）指的是元素与元素之间的距离。边框会定位于浏览器窗口的左上角，但是并没有紧贴着浏览器窗口的边框。这是因为body本身也是一个盒子，在默认情况下，body会有一个若干像素的margin，具体数值各个浏览器不相同。因此，body中的其他元素就不会紧贴着浏览器窗口的边框了。而margin属性也只有一个宽度属性，并且值设置也可以分为设1、2、3、4个属性值，其意义和padding完全一样。

(1) **给出1个属性值：** 表示上下左右4个margin宽度都是该值。

(2) **给出2个属性值：** 第一个值表示上下margin的值，第二个值表示左右margin的值。

(3) **给出3个属性值：** 第一个值表示上margin的值，第二个值表示左右margin的值，第三个值表示下margin的值。

(4) **给出4个属性值：** 按照顺时针方向，依次表示上、右、下、左margin的值。

如果需要单独设置某一方向的margin，可以使用margin-left、margin-right、margin-top、margin-bottom 4个属性来设置。

实例如下（源文件参见随书光盘中的"源文件\ch04\04-04.html"）。

```
<!DOCTYPE html PUBLIC "-//W3C//DTD XHTML 1.0 Transitional//EN" "http://www.w3.org/TR/xhtml1/
DTD/xhtml1-transitional.dtd">
<html xmlns="http://www.w3.org/1999/xhtml">
<head>
<meta http-equiv="Content-Type" content="text/html; charset=utf-8" />
<title>外边距实例</title>
<style type="text/css" >
div{ width:300px;                      /*定义盒子宽度*/
   Border:10px solid  #F00;            /*定义边框样式*/
   margin:50px 80px;                   /*定义外边距*/
}
img{
   width:300px;                        /*定义图片宽度*/
   height:200px;                       /*定义图片高度*/
}
</style>
</head>
<body>
   <div ><img src="fox.jpg" /></div>
</body>
</html>
```

在div设置了边框和背景后，在浏览器中预览，显示效果如下图所示。

从图中可以看到，在边框外面的部分就是div的margin。

小提示

body 也是一个特殊的盒子，它的背景色会延伸到 margin 部分，而其他盒子只会根据浏览器选择覆盖 "padding+ 内容" 或 "border+ padding+ 内容" 部分。

4.5 实例4——盒子之间的关系

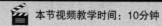
本节视频教学时间：10分钟

通过盒子模型的学习，我们知道，网页可以看作是一个个盒子嵌套、组合排列而形成的。为了准确定位盒子的位置，就必须知道这个当前盒子与其他盒子之间的关系。CSS制定者对这个问题进行了深入细致的思考，并给出一套规则，这就是"标准流"方式。但仅仅通过标准流方式，还不能完全解决网页布局中存在的问题，CSS制定者又给出了"浮动"与"定位"属性进行辅助实现。

4.5.1 HTML与DOM

要想深入理解标准流，首先需要了解HTML与DOM。HTML我们已经比较熟悉了，DOM又是什么呢？DOM是Document Object Model的简称，中文意思是文档对象模型。而一个网页是由很多文档对象模型构成的一个文档对象模型树。

一个网页文件，从表面上看好像是一个普通文档，实际上，构成网页的各个模块之间存在着内在逻辑关系，这个逻辑关系就是"树"。树的概念比较容易理解，树是由根和许多叶子组成的。下面是一个网页文件。

```
<!DOCTYPE html PUBLIC "-//W3C//DTD XHTML 1.0 Transitional//EN" "http://www.w3.org/TR/xhtml1/
DTD/xhtml1-transitional.dtd">
<html xmlns="http://www.w3.org/1999/xhtml">
<head>
<meta http-equiv="Content-Type" content="text/html; charset=utf-8" />
<title>HTML和DOM</title>
<style type="text/css">
body{                          /*定义页面整体样式*/
  margin:0;                    /*定义外边距*/
  font-family:宋体;            /*定义字体族*/
  font-size:14px;              /*定义字号*/
}
 ul {
```

```
        background: #096;              /*定义背景颜色*/
        margin: 15px;                  /*定义外边距*/
        padding: 5px;                  /*定义内边距*/
                                       /*没有设置边框 */
    }
    li {
        color: black;                  /*黑色文本 */
        background: #0FF;              /*设背景 */
        margin: 20px;                  /*定义li外边距*/
        padding: 10px;                 /*定义li内边距*/
        list-style: none;              /*取消项目符号 */
                                       /*未设置边框 */
    }
    li.new {                           /*定义类别选择器*/
        border-style: dashed;          /*定义边框样式*/
        border-width: 5px;             /*设置边框为5像素 */
        border-color: black;           /*设置边框颜色*/
        margin-top:20px;               /*定义上边距*/
    }
</style>
</head>

<body>
    <ul>
    <li>第1个列表内容1</li>
    <li class="new">第1个列表内容2</li>
    </ul>
    <ul>
    <li>第2个列表内容1</li>
    <li class="new">第2个列表内容2</li>
    </ul>
</body>
</html>
```

这个页面构成可以用树形图进行描述，如下图所示。

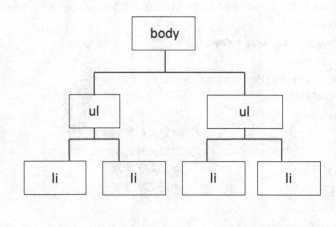

浏览页面显示的效果，如下图所示。

对比以上两个图可以发现，每一个盒子其实对应一个树上的节点，也就是说任何一个HTML结构元素都与DOM文档结构树一一对应，至于树的节点怎么排列布局，则由CSS负责。

4.5.2 标准文档流

在本节开始已经知道标准文档流了，概括地说，标准文档流就是指在不使用其他定位和排列的CSS规则时，各种元素的排列规则。

一个一个盒子自然排列，同一层的盒子放在父节点盒子下边，同一级别的盒子自然排列在其上一层父盒子中，同级别li放在父级节点ul中，同级ul放在其父级节点body中。

4.5.3 div标记与span标记

在CSS网页布局排版中，经常接触到div和span两个标记。使用这两个标记加上CSS进行排版，就能达到各种效果，这就是常常讲的div+CSS布局。为了更方便理解div和span，先了解两个基本概念：块元素和行元素。

块元素指在没有CSS样式作用下，新的块元素会再另起一行顺序排列下去，div就是块元素之一；行元素指只能包含文字或者行元素的元素，span就是行元素之一。

div是块元素的一种，块元素里面能容纳段落、表格、图片、标题等信息。通过下面的例子我们可以观察到块元素与行元素的区别。

```
<!DOCTYPE html PUBLIC "-//W3C//DTD XHTML 1.0 Transitional//EN" "http://www.w3.org/TR/xhtml1/
DTD/xhtml1-transitional.dtd">
<html xmlns="http://www.w3.org/1999/xhtml">
<head>
<meta http-equiv="Content-Type" content="text/html; charset=utf-8" />
<title>div与span</title>
<style type="text/css">
 img{ width:80px;                                    /*定义图片样式*/
 }
</style>
</head>

<body>
 <div > <!--div中包含div和span-->
   <p>div标记不同行: </p>
   <div><img src="fox.jpg" border="0"></div>
   <div><img src="fox.jpg" border="0"></div>
   <div><img src="fox.jpg" border="0"></div>
```

```
    <p>span标记同一行：</p>
    <span><img src="fox.jpg" border="0"></span>
    <span><img src="fox.jpg" border="0"></span>
    <span><img src="fox.jpg" border="0"></span>
  </div>
</body>
</html>
```

运行结果如下图所示。

通过div和span之间的区别就能理解块元素和行元素之间的不同了。

4.6 实例5——盒子在标准流中的定位原则

本节视频教学时间：10分钟

在盒子模型的3个属性中，最外边的margin属性是盒子与盒子接触的地方，所以在标准流中考虑盒子的定位，就必须深入理解margin属性。

4.6.1 行元素之间的水平margin

在两个相邻行元素之间，它们的间距等于第1个行元素的margin-right加上第2个行元素的margin-left。实例如下。

```
<!DOCTYPE html PUBLIC "-//W3C//DTD XHTML 1.0 Transitional//EN" "http://www.w3.org/TR/xhtml1/DTD/xhtml1-transitional.dtd">
<html xmlns="http://www.w3.org/1999/xhtml">
<head>
<meta http-equiv="Content-Type" content="text/html; charset=utf-8" />
<title>行元素之间的水平间距</title>
<style type="text/css">
span{ line-height:80px;              /*定义线高*/
    border:2px #FF0000 solid;        /*定义边框的样式*/
    padding:10px;                    /*定义内边距*/
    margin:0px 50px 0px;             /*定义外边距*/
}
</style>
</head>
<body>
  <span>第一个行元素</span>
  <span>第二个行元素</span>
</body>
</html>
```

运行结果如下图所示。

可以发现，实例中的两个行元素之间的距离就是margin-right+margin-left，即100px。

4.6.2 块元素之间的竖直margin

由于块元素是上下排列的，所以块元素计算的是两个相邻块的竖直距离，我们可能会认为水平距离是margin-right+margin-left，那么块元素之间竖直距离就应该是margin-bottom+margin-top了，实际上不是那么回事。在块元素之间存在一种特殊的现象，称之为"塌陷"，两个相邻块之间的竖直距离只取margin-bottom与margin-top中较大的那个数值，如下例。

```
<!DOCTYPE html PUBLIC "-//W3C//DTD XHTML 1.0 Transitional//EN" "http://www.w3.org/TR/xhtml1/
DTD/xhtml1-transitional.dtd">
<html xmlns="http://www.w3.org/1999/xhtml">
<head>
<meta http-equiv="Content-Type" content="text/html; charset=utf-8" />
<title>块元素之间的竖直距离</title>
<style type="text/css">
div{  height:50px;                              /*设置高度*/
    border:2px #FF0000 solid;                   /*设置边框样式*/
    padding:10px;                               /*设置内边距*/
    margin:50px 50px 100px 50px;                /*设置外边距*/
}
</style>
</head>
<body>
    <div>第一个块元素</div>
    <div>第二个块元素</div>
</body>
</html>
```

运行结果如下图所示。

两个块元素之间的实际竖直距离是最大的下边距100px。

小提示

块元素的"塌陷"现象一定要知道，否则在实际书写过程中就会感到不明白，产生为什么我增加了较小的边距，实际距离没有变化的疑惑。

4.6.3 嵌套盒子之间的margin

从4.5.3节中，我们知道盒子是可以嵌套的，通过下面的实例我们看一下嵌套盒子之间的间距是怎么计算的。

```
<!DOCTYPE html PUBLIC "-//W3C//DTD XHTML 1.0 Transitional//EN" "http://www.w3.org/TR/xhtml1/
DTD/xhtml1-transitional.dtd">
<html xmlns="http://www.w3.org/1999/xhtml">
<head>
<meta http-equiv="Content-Type" content="text/html; charset=utf-8" />
<title>嵌套盒子边距</title>
<style type="text/css">
div{  border:2px #FF0000 solid;              /*设置边框样式*/
    padding:50px;                            /*设置内边距*/
    margin:50px;                             /*设置外边距*/
}
</style>
</head>
<body>
   <div>
            <div>第二个块元素</div>
   </div>
</body>
</html>
```

运行结果如下图所示。

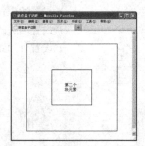

嵌套的子盒子与父盒子对应边距离等于父盒子的padding加上子盒子的margin值。

4.6.4 将margin设为负值

在上面的实例中，margin都是正整数，实际上它也可以是负整数，实例如下。

```
<!DOCTYPE html PUBLIC "-//W3C//DTD XHTML 1.0 Transitional//EN" "http://www.w3.org/TR/xhtml1/
DTD/xhtml1-transitional.dtd">
<html xmlns="http://www.w3.org/1999/xhtml">
<head>
<meta http-equiv="Content-Type" content="text/html; charset=utf-8" />
<title>margin为负值</title>
<style type="text/css">
div{  border:2px #FF0000 solid;                    /*设置边框样式*/
    padding:50px;                                  /*设置内边距*/
    margin:-50px  0px  50px;                        /*设置上边距为-50px,左右边距为0，下边距为50px*/
```

```
}
</style>
</head>
<body>
  <div>第一个块元素 </div>
  <div>第二个块元素</div>
</body>
</html>
```

运行结果如下图所示。

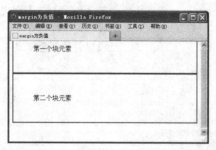

可以直观地看到两个块元素之间的数值边距没有了，而且第一个块元素的上边框看不到了，这都是由于margin取了负值的缘故。

4.7 实例6——盒子的浮动

 本节视频教学时间：18分钟

上面两节讲的都是标准流定位和标准流下盒子之间的关系。如果仅仅按照标准流方式进行排版布局，只有几种有限的可能，会有很大的限制。在CSS中还可以使用浮动方式，突破标准流排版的限制，改变块元素的排序方式。

下面通过一个实例来深入了解浮动的用法。

4.7.1 准备代码

打开随书光盘中的"源文件\ch04\04-11.html"，代码如下。

```
<!DOCTYPE html PUBLIC "-//W3C//DTD XHTML 1.0 Transitional//EN" "http://www.w3.org/TR/xhtml1/
DTD/xhtml1-transitional.dtd">
<html xmlns="http://www.w3.org/1999/xhtml">
<head>
<meta http-equiv="Content-Type" content="text/html; charset=utf-8" />
<title>盒子浮动实例1</title>
<style type="text/css">
body{                           /*设置页面整体样式*/
   margin:10px;                 /*设置外边距*/
   font-family:宋体;            /*设置字体族*/
   font-size:12px;              /*设置字号*/
   color:#FFF;                  /*设置字体颜色*/
}
.root{                          /*定义类别选择器*/
   background-color:#0C6;       /*设置背景颜色*/
```

```
        border:1px solid  #F00;                    /*设置边框样式*/
        padding:10px;                              /*设置内边距*/
    }
    .root div{                                     /*定义root下div节点样式*/
        padding:10px;                              /*设置内边距*/
        margin:15px;                               /*设置外边距*/
        border:1px dashed #FF0;                    /*设置边框样式*/
        background-color: #00F;                    /*设置背景颜色*/
    }
    .root p{                                       /*定义root下p节点样式*/
        border:1px dashed  #FF0000;                /*设置边框样式*/
        background-color: #00F;                    /*设置背景颜色*/
    }
    </style>
    </head>
    <body>
        <div class="root">
                <div class="box1">盒子1</div>
                <div class="box2">盒子2</div>
                <div class="box3">盒子3</div>
                <p>浮动盒子外边文字，浮动盒子外边文字，浮动盒子外边文字，浮动盒子外边文字，浮动
盒子外边文字，浮动盒子外边文字，浮动盒子外边文字，浮动盒子外边文字</p>
        </div>
    </body>
    </html>
```

在上面的例子中我们定义了4个div块元素，其中一个作为根，另外3个是它的叶子节点。3个叶子节点都没有任何设置，状态为标准流状态，运行效果如下图所示。

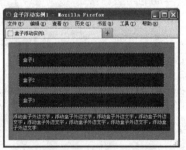

4.7.2 设置浮动的div

为了更好地观察浮动属性对布局的影响，我们逐一增加box1、box2、box3浮动属性。

(1) 增加box1的浮动属性。在样式表末行增加如下代码（源文件参见随书光盘中的"源文件\ch04\04-11.html"）。

```
.box1{                  /*定义box1样式*/
    float:left;         /*设定box1向左浮动*/
}
```

运行结果如下图所示。

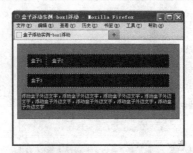

从上图中可以知道，box1使用了float属性后进行收缩，与box2在同一行上。我们可以思考，如果给box2加上float属性，是不是就能使box1、box2、box3都在同一行上呢？

(2) 为box2加上浮动属性。同样是在样式表的末尾增加代码（源文件参见随书光盘中的"源文件\ch04\04-12.html"）。

```
box2{                    /*设定box2浮动方式*/
float:left;              /*设置box2向左浮动*/
}
```

运行结果如下图所示。

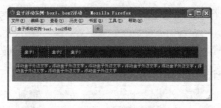

从运行结果中可以看到，box2加上float属性后，跟刚才分析的结果是一致的。

(3) 设置box3浮动属性。对刚才的现象进行再一次的验证，代码如下（源文件参见随书光盘中的"源文件\ch04\04-13.html"）。

```
.box3{                   /*设置box3浮动方式*/
    float:left;          /*设置box3向左浮动*/
}
```

运行结果如下图所示。

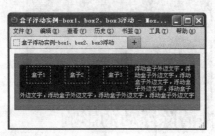

可以看到box3也按照我们的设想进行了收缩。

4.7.3 改变浮动的方向

上面设置box1、box2、box3向左浮动，相应地，浮动属性值还可以为向右浮动。先把box3向右浮动，更改box3的样式。把以下代码：

```
.box3{                   /*设置box3浮动方式*/
    float:left;          /*设置box3向左浮动*/
}
```

改为：

```
box3{
float:right;                    /*设置box3向右浮动*/
}
```

即可（源文件参见随书光盘中的"源文件\ch04\04-14.html"），运行结果如下图所示。

这时文字变成在box2与box3之间，如果向左把浏览器窗口变窄，box2和box3会互相接近，如果在一行中不能容纳box1、box2、box3，就会产生换行现象。

4.7.4 全部向右浮动

从上图的结果可以推断，如果三个盒子全部设为向右浮动，文字应该在box1之前。把box1、box2的float属性更改之后进行验证，盒子样式代码如下（源文件参见随书光盘中的"源文件\ch04\04-15.html"）。

```
.box1{
float:right;                    /*设置box1向右浮动*/
}
.box2{
float:right;                    /*设置box2向右浮动*/
}
.box3{
float:right;                    /*设置box3向右浮动*/
}
```

运行结果如下图所示。运行结果再次证实了刚才的推论。

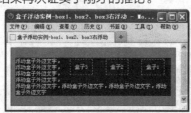

4.7.5 使用clear属性清除浮动的影响

从上面的实例中，我们发现文字会根据盒子的属性设置而变化。可能在大多时候，产生的这种结果并不是我们需要的，这时候可以使用clear清除浮动对文字的影响。

在CSS样式中，给p样式末尾增加一行代码（源文件参见随书光盘中的"源文件\ch04\04-16.html"）。

```
.root p{
border:1px dashed  #FF0000;              /*设置边框样式*/
background-color: #00F;                  /*设置背景颜色*/
clear:right;                             /*新增加的行，清除浮动*/
}
```

运行结果如下图所示。

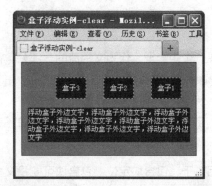

这样浮动对文字的影响就被清除了。

4.8 实例7——盒子的定位

 本节视频教学时间：12分钟

盒子的定位是通过position属性规定元素的定位类型，这个属性定义建立元素布局所用的定位机制。任何元素都可以定位，不过绝对或固定元素会生成一个块级框，而不论该元素本身是什么类型。相对定位元素会相对于它在标准流中的默认位置偏移。CSS为定位和浮动提供了一些属性，利用这些属性可以建立列式布局，将布局的一部分与另一部分重叠，还可以完成通常需要使用多个表格才能完成的任务。

定位的基本思想很简单，它允许定义元素框相对于正常布局的位置，或者相对于父元素、另一个元素，甚至浏览器窗口本身的位置。显然，这个功能非常强大。实例代码如下（源文件参见随书光盘中的"源文件\ch04\04-17.html"）。

```
<!DOCTYPE html PUBLIC "-//W3C//DTD XHTML 1.0 Transitional//EN" "http://www.w3.org/TR/xhtml1/
DTD/xhtml1-transitional.dtd">
<html xmlns="http://www.w3.org/1999/xhtml">
<head>
<meta http-equiv="Content-Type" content="text/html; charset=utf-8" />
<title>盒子定位实例1</title>
<style type="text/css">
h2{position:absolute;left:100px;top:100px}                    /*设置h2绝对定位方式*/
</style>
</head>
<body>
<h2>这是带有绝对定位的标题</h2>
</body>
</html>
```

在浏览器中预览，显示效果如下图所示。

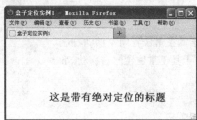

position有4种属性，分别如下：

1. static

元素框正常生成。块级元素生成一个矩形框，作为文档流的一部分，行内元素则会创建一个或多个行框，置于其父元素中。

2. relative

元素框偏移某个距离。元素仍保持其未定位前的形状，它原本所占的空间仍保留。

3. absolute

元素框从文档流完全删除，并相对于其包含块定位。包含块可能是文档中的另一个元素或者是初始包含块。元素原先在标准流中所占的空间会关闭，就好像元素原来不存在一样。元素定位后生成一个块级框，而不论原来它在标准流中生成何种类型的框。

4. fixed

元素框的表现类似于将position设置为absolute，不过其包含块是视窗本身。

通过使用position属性，可以选择4种不同类型的定位，这会影响元素框生成的方式。它们分别是静态定位、相对定位、绝对定位和固定定位。除非专门指定，否则所有元素框都在标准流中定位。也就是说，标准流中元素的位置由元素在页面中的位置决定。

4.8.1 静态定位

静态定位不使用任何移动效果，也就是标准流下的情况，4.6节之前的实例都是静态定位，这里不再详述。

4.8.2 相对定位

相对定位也是一个非常容易掌握的概念。如果对一个元素进行相对定位，可以通过设置垂直或水平位置，让这个元素相对于它的起点进行移动。相对定位实际上被看作标准流定位模型的一部分，因为元素的位置相对于它在标准流中的位置。

实例代码如下（源文件参见"随书光盘\源文件\ch04\04-18.html"）。

```
<!DOCTYPE html PUBLIC "-//W3C//DTD XHTML 1.0 Transitional//EN" "http://www.w3.org/TR/xhtml1/
DTD/xhtml1-transitional.dtd">
<html xmlns="http://www.w3.org/1999/xhtml">
<head>
<meta http-equiv="Content-Type" content="text/html; charset=utf-8" />
<title>盒子定位实例-相对移动</title>
<style type="text/css">
h2.pos_left{position:relative;left:-20px}          /*设置相对向左移动20px*/
h2.pos_right{position:relative;left:20px}          /*设置相对向右移动20px*/
</style>
</head>
<body>
<h2>这是位于正常位置的标题</h2>
<h2 class="pos_left">这个标题相对于其正常位置向左移动</h2>
<h2 class="pos_right">这个标题相对于其正常位置向右移动</h2>
</body>
</html>
```

在浏览器中预览，显示效果如下图所示。

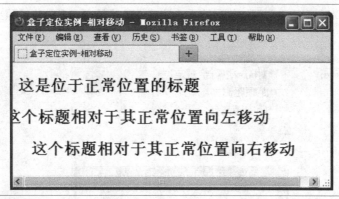

4.8.3 绝对定位

绝对定位使元素的位置与文档流无关，因此不占据空间。这一点与相对定位不同，相对定位实际上被看作标准流定位模型的一部分，因为元素的位置相对于它在标准流中的位置。标准流中其他元素的布局就像绝对定位的元素不存在一样。

例如，没有使用绝对定位时候的代码如下（源文件参见随书光盘中的"源文件\ch04\04-19.html"）。

```
<!DOCTYPE html PUBLIC "-//W3C//DTD XHTML 1.0 Transitional//EN" "http://www.w3.org/TR/xhtml1/
DTD/xhtml1-transitional.dtd">
<html xmlns="http://www.w3.org/1999/xhtml">
<head>
<meta http-equiv="Content-Type" content="text/html; charset=utf-8" />
<title>盒子定位实例-绝对定位没有使用绝对定位时候状态</title>
<style type="text/css">
div{
    border:#F00 solid 5px;                /*定义盒子的边框样式*/
}
</style>
</head>
<body>
<div>box1</div>
<div class="box2">box2</div>
<div >box3</div>
</body>
</html>
```

运行结果如下图所示。

在样式表中增加box2的绝对定位代码如下（源文件参见随书光盘中的"源文件\ch04\04-20.html"）。

```
.box2{                        /*设置box2的样式*/
    position:absolute;        /*对box2进行绝对定位*/
    top:10px;                 /*距顶距离*/
    right:40px;               /*距右距离*/
}
```

运行结果如下图所示。

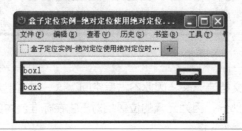

4.8.4 固定定位

固定定位的positoin值为fixed，在应用上与绝对定位有些相似，不同的是固定定位的标准不是原先元素，而是浏览器的窗口或其他显示设备的窗口，这里不在详述。

 # 高手私房菜

技巧：怎样计算盒子的尺寸

在实际应用中，怎么计算盒子的尺寸给很多初学者带来很大的困惑，这里通过一个CSS样例——为一个类名为box的元素声明盒子的各个属性进行说明。

```
.box {                        /*定义盒子样式*/
    width：300px;             /*设置盒子宽度为300像素*/
    height：200px;            /*设置盒子高度为200像素*/
    padding：10px;            /*设置盒子内边距*/
    border：1px solid #000;   /*设置边框样式*/
    margin：15px;             /*设置外边距*/
}
```

可以用下图进行形象说明。

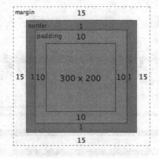

以上元素总共被计算出来的尺寸是：

Total width = 15 + 1 + 10 + 300 + 10 + 1 + 15 = 352px

Total height = 15 + 1 + 10 + 200 + 10 + 1 + 15 = 252px

第5章

CSS 3 的高级特性

 本章视频教学时间：28 分钟

在前面的章节已经了解到CSS的三个基本选择器，如果仅仅依靠这三种选择器完成页面制作会比较繁琐，本章学习的这些高级特性，在提高页面制作效率上会有很大帮助。

【学习目标】

通过本章的学习，加深对基础选择器的使用理解，并掌握复合选择器、CSS 的继承性和层叠性。

【本章涉及知识点】

- 交集选择器
- 并集选择器
- 继承关系
- CSS 层叠性

5.1 实例1——复合选择器

本节视频教学时间：12分钟

前面介绍了3种基本选择器，以这3种基本选择器为基础，通过组合还可以产生更多种类选择器，从而实现更强、更方便的选择功能。复合选择器就是基本选择器通过不同的连接方式构成的。

5.1.1 交集选择器

交集选择器由两个选择器直接连接构成，其结果是选中二者各自元素范围的交集。其中第1个必须是标记选择器，第2个必须是类别选择器或ID选择器。这两个选择器之间不能有空格，必须连续书写，这种方式构成的选择器，将选中同时满足前后二者定义的元素，也就是前者所定义的标记类型，并且指定了后者的类别或者ID的元素，因此被称为交集选择器。实例代码如下（源文件参见随书光盘中的"源文件\ch05\05-1.html"）。

```
<!DOCTYPE html PUBLIC "-//W3C//DTD XHTML 1.0 Transitional//EN" "http://www.w3.org/TR/xhtml1/
DTD/xhtml1-transitional.dtd">
<html xmlns="http://www.w3.org/1999/xhtml">
<head>
<meta http-equiv="Content-Type" content="text/html; charset=utf-8" />
<title>交集选择器</title>
<style type="text/css">
p{color:blue;font-size:18px;}                /*设置标记选择器*/
p.p1{color:red;font-size:24px;}              /*交集选择器*/
.p1{ color:black; font-size:30px}            /*设置类别选择器*/
</style>
</head>
<body>
<p>使用p标记</p>
<p class="p1">指定了p.p1 类别的段落文本</p>
<h3 class="p1">指定了.p1 类别的标题</h3>
</body>
</html>
```

上面代码中定义了p.p1的样式，也定义了.p1的样式，p.p1的样式会作用在<p class="p1">标记上，p.p1中定义的样式不会影响H标签使用了.p的标记。在浏览器中预览，显示效果如下图所示。

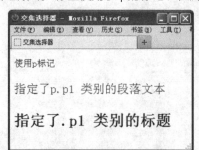

5.1.2 并集选择器

并集选择器也称为"集体声明"，它的结果是同时选中各个基本选择器所选择的范围。任何形式的选择器（包括标记选择器、类别选择器、ID选择器）都可以作为并集选择器的一部分。

　　并集选择器是多个选择器通过逗号连接而成的。如果某些选择器的风格是完全相同的，那么这时便可以利用并集选择器同时声明风格相同的CSS选择器。实例代码如下（源文件参见随书光盘中的"源文件\ch05\05-2.html"）。

```
<!DOCTYPE html PUBLIC "-//W3C//DTD XHTML 1.0 Transitional//EN" "http://www.w3.org/TR/xhtml1/
DTD/xhtml1-transitional.dtd">
<html xmlns="http://www.w3.org/1999/xhtml">
<head>
<meta http-equiv="Content-Type" content="text/html; charset=utf-8" />
<title>并集选择器</title>
<style type="text/css">
h1,h2,h3{ color:green;}                          /*并集选择器*/
h2.tag,#tag{text-decoration:underline;}          /*并集选择器*/
</style>
</head>
<body>
<h1>示例文字h1</h1>
<h2 class="tag">示例文字h2</h2>
<h3>示例文字h3</h3>
<h4 id="tag">示例文字h4</h4>
</body>
</html>
```

运行结果如下图所示。

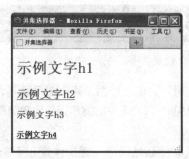

　　h1,h2,h3定义了相同的样式，都以绿色显示，h2.tag, #tag的样式声明并不影响前一个声明，第2行和第4行都加上了下画线来突出。

小提示

使用并集选择器的好处是，对页面中需要使用相同样式的地方只需书写一次样式表即可实现，从而减少代码量并改善CSS代码的结构。

5.1.3 后代选择器

　　在CSS选择器中，还可以通过嵌套的方式，对选择器或者特殊位置的HTML标记进行声明。例如当对下面的span进行样式设置时，就可以使用后代选择器进行相应的控制。后代选择器的写法就是把外层的标记写在前面，内层的标记写在后面，之间用空格隔开，当标记发生嵌套时，内层的标记就成为外层标记的后代。实例代码如下（源文件参见随书光盘中的"源文件\ch05\05-3.html"）。

```
<!DOCTYPE html PUBLIC "-//W3C//DTD XHTML 1.0 Transitional//EN" "http://www.w3.org/TR/xhtml1/
DTD/xhtml1-transitional.dtd">
<html xmlns="http://www.w3.org/1999/xhtml">
<head>
<meta http-equiv="Content-Type" content="text/html; charset=utf-8" />
```

```
<title>后代选择器实例</title>
<style type="text/css">
p span{color:red;}                    /*后代选择器*/
span{color:blue;}                     /*标记选择器*/
</style>
</head>
<body>
<p>嵌套使<span>用CSS</span>标记的方法</p>
嵌套之外的<span>标记</span>不生效
</body>
</html>
```

在浏览器中，运行结果如下图所示。

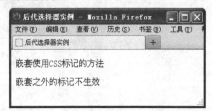

通过span选择器嵌套在p选择器中进行声明，使显示效果只适用于p标记内的span标记，而使其外的span标记并不产生任何效果。如上图所示，第1行中span标记内的文字变为了红色，而第2行中span标记内的文字则按照第2条样式规则来设置，即为蓝色。

5.2 实例2——CSS的继承特性

 本节视频教学时间：9分钟

在第4章中讲到"文档对象模型树"，也被称为"家族树模型"，提到家族就有一个绕不开的话题——继承。继承在对象编程中很常见，在CSS中的继承相应比较简单。具体地说就是指定的CSS属性向下传递给子孙元素的过程。

我们可以通过下面的实例来理解什么是继承（源文件参见随书光盘中的"源文件\ch05\05-4.html"）。

```
<!DOCTYPE html PUBLIC "-//W3C//DTD XHTML 1.0 Transitional//EN" "http://www.w3.org/TR/xhtml1/
DTD/xhtml1-transitional.dtd">
<html xmlns="http://www.w3.org/1999/xhtml">
<head>
<meta http-equiv="Content-Type" content="text/html; charset=utf-8" />
<title>继承实例1</title>
<style type="text/css">
p{color:red;}                    /*标记选择器*/
</style>
</head>
<body>
<p>嵌套使<span>用CSS</span>标记的方法</p>
</body>
</html>
```

在实例中p标签里面嵌套了一个span标签，可以说p是span的父标签，在样式的定义中只定义p标签的样式，运行结果如下图所示。

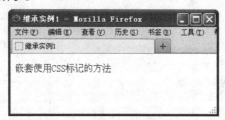

可以看见，span标签中的字也变成了红色，这就是由于span继承了p的样式。

5.2.1 继承关系

继承是一种机制，它允许样式不仅可以应用于某个特定的元素，还可以应用于它的后代。从表现形式上说，它是被包含的标记具有其外层标签的样式性质。运用继承，可以让开发者更方便轻松地书写CSS样式，否则就需要对每个内嵌标签都要书写样式；使用继承同时减少了CSS文件的大小，提高下载速度。

在CSS中也不是所有的属性都支持继承。如果每个属性都支持继承的话，对于开发者来说有时候带来的方便可能没有带来的麻烦多，开发者必须把不需要的CSS属性一个一个地关掉。CSS研制者为我们考虑得很周到，只有那些能给我们带来轻松书写的属性才可以被继承。

以下属性是可以被继承的。

(1) 文本相关的属性是可以被继承的，例如：

font-family,font-size,font-style,font-weight,font,line-height,text-align,text-indent,word-spaceing。

(2) 列表相关的属性是可以被继承的，比如：

list-style-image,list-style-position,list-style-type,list-style。

(3) 颜色相关的属性是可以被继承的，比如：

color。

5.2.2 CSS继承的运用

下面通过一个例子深入理解继承的应用（源文件参见随书光盘中的"源文件\ch05\05-5.html"）。

```
<!DOCTYPE html PUBLIC "-//W3C//DTD XHTML 1.0 Transitional//EN" "http://www.w3.org/TR/xhtml1/
DTD/xhtml1-transitional.dtd">
<html xmlns="http://www.w3.org/1999/xhtml">
<head>
<meta http-equiv="Content-Type" content="text/html; charset=utf-8" />
<title>继承关系的应用实例</title>
<style>
h1{
    color:blue;                          /* 设置文字颜色 */
    text-decoration:underline;           /* 设置文字下画线修饰 */
}
em{
    color:red;                           /*设置颜色 */
}
```

```
li{
font-weight:bold;              /*设置字体加粗*/
}
</style>
</head>
<body>
    <h1>继承<em>关系</em>应用实例</h1>
    <ul>
            <li>第一层行一
                    <ul>
                            <li>第二层行一</li>
                            <li>第二层行二
                            <ul>
                                    <li>第二层行二下第三层行一</li>
                                    <li>第二层行二下第三层行二</li>
                                    <li>第二层行二下第三层行三</li>
                            </ul>
                            </li>
                            <li>第二层行三</li>
                    </ul>
            </li>
            <li>第一层行二
                    <ol>
                            <li>第一层行二下第二层行一</li>
                            <li>第一层行二下第二层行二</li>
                            <li>第一层行二下第二层行三</li>
                    </ol>
            </li>
    </ul>
</body>
</html>
```

运行结果如下图所示。从图中可以知道，em标签继承了h1的下画线，所有li都继承了加粗属性。

5.3 实例3——CSS的层叠特性

本节视频教学时间：7分钟

CSS意思本身就是层叠样式表，所以"层叠"是CSS的一个最为最要的特征。"层叠"可以被理解为覆盖的意思，是CSS中样式冲突的一种解决方法。这一点可以通过两个实例进行说明。

(1) 同一选择器被多次定义，代码如下（源文件参见随书光盘中的"源文件\ch05\05-6.html"）。

```
<!DOCTYPE html PUBLIC "-//W3C//DTD XHTML 1.0 Transitional//EN" "http://www.w3.org/TR/xhtml1/
DTD/xhtml1-transitional.dtd">
<html xmlns="http://www.w3.org/1999/xhtml">
<head>
<meta http-equiv="Content-Type" content="text/html; charset=utf-8" />
<title>层叠实例1</title>
<style>
h1{
    color:blue;                         /*设置文字颜色为蓝色*/
}
h1{
    color:red;
}                                       /*设置文字颜色为红色*/
h1{
    color:green;                        /*设置文字颜色为绿色 */
}
</style>
</head>
<body>
    <h1>层叠实例一</h1>
 </body>
</html>
```

在代码中，为h1标签定义了三次颜色：蓝、红、绿，这时候就产生了冲突，在CSS规则中最后有效的样式将覆盖前边的样式，具体到本例就是最后的绿色生效。运行结果如下图所示。

(2) 同一标签运用不同类型选择器，代码如下（源文件参见随书光盘中的"源文件\ch05\05-7.html"）。

```
<!DOCTYPE html PUBLIC "-//W3C//DTD XHTML 1.0 Transitional//EN" "http://www.w3.org/TR/xhtml1/
DTD/xhtml1-transitional.dtd">
<html xmlns="http://www.w3.org/1999/xhtml">
<head>
<meta http-equiv="Content-Type" content="text/html; charset=utf-8" />
<title>层叠实例2</title>
<style type="text/css">
p{
    color:black;                /*设置颜色为黑色*/
}
.red{
    color:red;                  /*设置颜色为红色*/
}
. purple {
    color:purple;               /*设置颜色为紫色*/
}
```

```
#p1{
    color:blue;                        /*设置颜色为蓝色*/
}
</style>
</head>
<body>
    <p >这是第1行文本</p>
    <p class="red">这是第2行文本</p>
    <p id="p1" class="red">这是第3行文本</p>
    <p style="color:green;" id="p1">这是第4行文本</p>
    <p class=" purple red">这是第5行文本</p>
</body>
</html>
```

运行结果如下图所示。

在代码中，有5个p标签并声明了4个选择器，第一行p标签没有使用类别选择器或者ID选择器，所以第一行的颜色就是p标记选择器确定的颜色黑色。第二行使用了类别选择器，这就与p标记选择器产生了冲突，这将根据优先级的先后确定到底显示谁的颜色。由于类别选择器优先于标记选择器，所以第二行的颜色就是红色。第三行由于ID选择器优先于类别选择器，所以显示蓝色。第四行由于行内样式优先于ID选择器，所以显示绿色。在第五行是两个类别选择器，它们的优先级是一样的，这时候就按照层叠覆盖处理，颜色是样式表中最后定义的那个选择器，所以显示紫色。

举一反三

从并集选择器和CSS的层叠特性，我们可以推出一个在实际应用中很广泛的做法，就是在样式表之初设定好页面所涉及样式的一个初始属性值，对不属于这个初始属性值的其他属性值在其后单独定义。如可以在首行这样进行集体声明：

html, body, div, span,applet, object, iframe, h1, h2, h3, h4, h5, h6, p, blockquote, pre, a, abbr, acronym, address, big, cite, code, del, dfn, em, img, ins, kbd, q, s, samp, small, strike, strong, sub, sup, tt, var, dd, dl, dt, li, ol, ul, fieldset, form, label, legend, table, caption, tbody, tfoot, thead, tr, th, td {margin:0;padding:0;}

高手私房菜

技巧：利用技巧解决继承带来的错误

有时候继承也会带来些错误，比如下面这条CSS定义。

body{color:red;}   /*设置颜色为红色*/

在有些浏览器中这句定义会使除表格之外的文本变成红色。从技术上来说，这是不正确的，但是它确实存在。所以我们经常需要借助于某些技巧，比如将CSS定义成如下形式。

body,table,th,td{color:red;}   /*设置颜色为红色*/

这样表格内的文字也会变成蓝色。

第6章
网页字体与对象尺寸

 本章视频教学时间：46 分钟

文字是传递信息的主要媒介。而美观大方的网站或者博客，需要使用CSS样式修饰。设置文本样式是CSS技术的基本使命，通过CSS文本标记语言，可以设置文本的样式和粗细等。本章主要讲解与字体属性相关的知识。

【学习目标】

通过本章的学习，可以掌握CSS设置各种字体属性，例如设置字体大小、样式和风格等。

【本章涉及知识点】

字体加粗

字体样式

Font 简写方式

设置字体尺寸

设置对象宽度

设置对象高度

文本行高控制

垂直对齐设置

6.1 实例1——指定字体属性

本节视频教学时间：14分钟

在HTML中，CSS字体属性用于定义文字的字体、大小、粗细的表现等。字体属性如下。

    font-family属性：定义使用的字体；

    font-size属性：定义字体的大小；

    font-style属性：定义字体显示的方式；

    font-variant属性：定义小型的大写字母字体，对中文没什么意义；

    font-weight属性：定义字体的粗细；

    text-transform属性：定义字母大小写转换。

另外可以通过font统一定义字体的所有属性。

6.1.1 font-weight属性

font-weight属性用来定义字体的粗细，其属性值如下。

    100、200、300、400、500、600、700、800、900：字体粗细的绝对值。

    normal：正常，等同于字体粗细400。

    bold：粗体，等同于字体粗细700。

    bolder：更粗。

    lighter：更细。

    下面通过一个例子来认识一下font-weight（源文件参见随书光盘中的"源文件\ch06\06-1.html"）。

```
<!DOCTYPE html PUBLIC "-//W3C//DTD XHTML 1.0 Transitional//EN" "http://www.w3.org/TR/xhtml1/
DTD/xhtml1-transitional.dtd">
<html xmlns="http://www.w3.org/1999/xhtml">
<head>
<meta http-equiv="Content-Type" content="text/html; charset=utf-8" />
<title>font-weight 属性示例</title>
<style type="text/css" media="all">
.normal{font-weight: normal;}            /*设置字体粗细为正常*/
.bold{font-weight: bold;}                /*设置字体粗细为粗体*/
.bolder{font-weight: bolder;}            /*设置字体粗细为更粗*/
.lighter{font-weight: lighter;}          /*设置字体粗细为更细*/
.900{font-weight: 900;}                  /*设置字体粗细为900*/
</style>
</head>
<body>
<p class="normal">正常字体</p>
<p class="bold">加粗字体</p>
<p class="bolder">更粗一点的字体</p>
<p class="lighter">更细的字体</p>
<p class="900">粗细绝对值为900时字体</p>
</body>
</html>
```

在浏览器中预览，显示效果如下图所示。

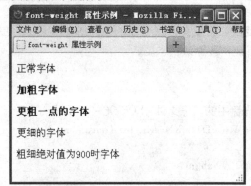

6.1.2 font-variant属性

在网页中常常碰到需要输入内容的地方，如果输入汉字的话是没问题的，可是当需要输入英文时，那么它的大小写是令我们最头疼的问题。在CSS中可以通过font-variant这个属性来实现输入时不受其限制的功能，其属性如下。

　　normal：正常的字体，即浏览器默认状态。

　　small-caps：定义小型的大写字母。

实例如下（源文件参见随书光盘中的"源文件\ch06\06-2.html"）。

```
<!DOCTYPE html PUBLIC "-//W3C//DTD XHTML 1.0 Transitional//EN" "http://www.w3.org/TR/xhtml1/DTD/xhtml1-transitional.dtd">
<html xmlns="http://www.w3.org/1999/xhtml">
<head>
<meta http-equiv="Content-Type" content="text/html; charset=utf-8" />
<title>font-variant 属性示例</title>
<style type="text/css" media="all">
.small-caps{font-variant:small-caps;}          /*设置小型的大写字母*/
.normal{font-variant:normal;}                  /*设置为正常字体*/
</style>
</head>
<body>
<p class="small-caps">See which web search results you really prefer. Take the Bing it On challenge.</p>
<p class="normal">See which web search results you really prefer. Take the Bing it On challenge.</p>
</body>
</html>
```

在代码中设定第一行为小型的大写字母，第二行为正常状态，进行对比观察，在浏览器中预览，显示效果如下图所示。

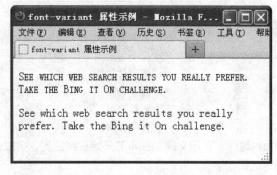

6.1.3 font-style属性

网页中的字体样式都是不固定的，开发者可以用font-style来实现目的，其属性包含如下内容。

normal：正常的字体，即浏览器默认状态。

italic：斜体。

oblique：倾斜的字体。

实例如下（源文件参见随书光盘中的"源文件\ch06\06-3.html"）。

```
<!DOCTYPE html PUBLIC "-//W3C//DTD XHTML 1.0 Transitional//EN" "http://www.w3.org/TR/xhtml1/
DTD/xhtml1-transitional.dtd">
<html xmlns="http://www.w3.org/1999/xhtml">
<head>
<meta http-equiv="Content-Type" content="text/html; charset=utf-8" />
<title>font-style 属性示例</title>
<style type="text/css" media="all">
.normal{font-style:normal;}               /*设置字体样式为正常浏览样式*/
.italic{font-style:italic;}               /*设置字体样式为斜体*/
.oblique{font-style:oblique;}             /*设置字体样式为倾斜*/
</style>
</head>
<body>
<p class="normal">正常字体.</p>
<p class="italic">斜体.</p>
<p class="oblique">斜体.</p>
</body>
</html>
```

运行结果如下图所示。

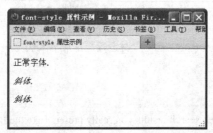

小提示

italic与oblique区别：一些不常用的字体，或许就只有正常体，如果用italic，就没有效果了，这时候就要用oblique。也就是italic是使用文字自身的斜体，oblique是让文字倾斜。

6.1.4 font简写属性

字体有很多属性，在定义的时候如果一个一个地定义会很麻烦，比如：

```
font-style:italic;                        /*设置字体样式*/
font-variant:small-caps;                  /*定义小型的大写字母*/
font-weight:bold;                         /*设置字体加粗*/
font-size:12px;                           /*设置字号*/
line-height:1.5em;                        /*设置线高*/
font-family:arial,verdana;                /*设置字体族*/
```

有没有什么方法，针对font属性一次定义呢？在本节开始已经提到，可以通过font统一定义字体的所有属性实现这一过程，简写代码如下。

```
font:italic small-caps bold 12px/1.5em arial,verdana;          /*font属性简写*/
```

简写应遵守一定的基本顺序，有如下规则。

font-style | font-variant | font-weight | font-size | line-height | font-family

小提示
简写时，font-size和line-height只能通过斜杠/组成一个值，不能分开写。

6.2 实例2——字体族

本节视频教学时间：12分钟

在计算机的字体组件中存放着系统安装的所有字体，如times New Roman、MS Georgia、宋体等，统称为字体族。

6.2.1 泛型字体族

浏览器显示正确字体的前提是计算机字库中存在这种字体。由于计算机系统环境千差万别，可能存在CSS开发者指定的字体，而在用户端没有安装，这时浏览器会自动使用一种容错方式，指定一种名叫cursive的浏览器字体进行显示，这就是泛型字体族。

在CSS中，存在5种泛型字体族，它们分别是serif、sans-serif、cursive、fantasy、monospace。

1. serif——衬线字体族

serif是具有末端加粗、扩张或尖细末端，或以实际的衬线结尾的一类字体。serif常用来修饰文字末端，这样做的目的是增强可读性，也就是说在字号比较小的时候，serif一族的字体仍然是比较好辨认的。serif典型的字体有Times New Roman、MS Georgia、宋体等。

serif还可衍生出两种字体族：末端变化不明显的petit-serif（小衬线字体族）、末端变化非常明显的slab-serif（雕版衬线字体族）。由于显示器显示的字都不大，所以一般将小衬线字体族看作无衬线字体族，比如其中的黑体。

2. sans-serif——无衬线字体族

sans前缀是法语，意为"无"。sans-serif字体比较圆滑，线条粗线均匀，适合做艺术字、标题等，与"衬线字体"相比，如果字号比较小，看起来就会有些吃力。

sans-serif典型的字体有MS Trebuchet、MS Arial、MS Verdana、幼圆、隶书、楷体等。

3. cursive——手写字体族

顾名思义，这类字体的字就像手写的一样。

cursive典型的字体有Caflisch Script、Adobe Poetica、迷你简黄草、华文行草等。

4. fantasy——梦幻字体族

fantasy主要用在图片中，字体看起来很艺术，实际网页上用得不多。

fantasy典型的字体有WingDings、WingDings 2、WingDings 3、Symbol 等。

5. monospace——等宽字体族

我们知道英文中各字母是不等宽的，但应用 monospace属性，各个字母就是等宽的了，就可以像中文一样排版了。

monospace典型的字体有Courier、MS Courier New、Prestige等。

实例代码如下（源文件参见随书光盘中的"源文件\ch06\06-12.html"）。

```
<!DOCTYPE html PUBLIC "-//W3C//DTD XHTML 1.0 Transitional//EN" "http://www.w3.org/TR/xhtml1/
DTD/xhtml1-transitional.dtd">
<html xmlns="http://www.w3.org/1999/xhtml">
<head>
<meta http-equiv="Content-Type" content="text/html; charset=utf-8" />
<title>字体族</title>
</head>
<body>
<h1   style="font-family:'Palatino Linotype', 'Book Antiqua', Palatino, serif">font-family:'Palatino Linotype',
'Book Antiqua', Palatino, serif'</h1>
<h1 style="font-family:'Trebuchet MS', Arial, Helvetica, sans-serif">font-family:'Trebuchet MS', Arial,
Helvetica, sans-serif</h1>
<h1 style="font-family:'Comic Sans MS', cursive">font-family:'Comic Sans MS', cursive</h1>
<h1 style="font-family: Verdana, Geneva, sans-serif">font-family: Verdana, Geneva, sans-serif</h1>
</body>
</html>
```

运行结果如下图所示。

6.2.2 通常安装的字体

因为计算机各不相同，所以用户可能不能确信是否安装了某种字体在自己的计算机中，这时为了正常的显示控制，需要设计一个相对安全的字体列表，把通常安装的字体放到这个列表中，最大程度地保障浏览的效果可控。

通用的字体有Times New Roman、Times、Arial、Geneva、Verdana、Courler New和Courier。

6.3 实例3——设置字体

本节视频教学时间：8分钟

在了解了字体族及通常安装的字体之后，下面学习设置字体的方法,包括选择字体集、设置字体尺寸、设置文字横向拉伸变形和设置字体尺寸是否统一。

6.3.1 选择字体集

在CSS中使用font-family设置使用何种字体，实例如下（源文件参见随书光盘中的"源文件\ch06\06-4.html"）。

```
<!DOCTYPE html PUBLIC "-//W3C//DTD XHTML 1.0 Transitional//EN" "http://www.w3.org/TR/xhtml1/
DTD/xhtml1-transitional.dtd">
    <html xmlns="http://www.w3.org/1999/xhtml">
    <head>
    <meta http-equiv="Content-Type" content="text/html; charset=utf-8" />
    <title>字体集选择</title>
    <style type="text/css">
    <!--
    h1{font-family:宋体}                          /*设置h1标记字体为宋体*/
    p{font-family: Arial, "Times New Roman"}      /*设置p标记字体族*/
    -->
    </style>
    </head>
    <body>
    <h1>windows平板限购，饥饿营销</h1>
    <p>See which web search results you really prefer. Take the Bing it On challenge.</p>
    <p>10月22日消息，数码产品的饥饿营销并不常见，苹果是为数不多敢这么做的厂商之一，原因是苹果
的iPhone、iPad在全球有一大批粉丝。如今，Windows平台的平板电脑也开始推行限购，不知道是因为缺货
还是微软也在尝试饥饿营销。</p>
    </body>
    </html>
```

在代码中，可以为font-family设置一个属性值，也可以设置多个属性值，在设置多个属性值时用
"，"进行分割。运行结果如下图所示。

6.3.2 设置字体尺寸

在字体属性设置中，有一个最常用的设置，就是文本尺寸，它用属性font-size去描述，实例代码
如下（源文件参见随书光盘中的"源文件\ch06\06-6.html"）。

```
<!DOCTYPE html PUBLIC "-//W3C//DTD XHTML 1.0 Transitional//EN" "http://www.w3.org/TR/xhtml1/
DTD/xhtml1-transitional.dtd">
    <html xmlns="http://www.w3.org/1999/xhtml">
    <head>
    <meta http-equiv="Content-Type" content="text/html; charset=utf-8" />
    <title>字体样式设置</title>
    <style type="text/css">
    <!--
    h1{ font-size:14px;}                /*设置字号大小为14px*/
    p{ font-size:18px;}                 /*设置字号大小为18px*/
```

```
-->
</style>
</head>
<body>
<h1>windows平板限购，饥饿营销</h1>
<p>See which web search results you really prefer. Take the Bing it On challenge.</p>
<p>10月22日消息，数码产品的饥饿营销并不常见，苹果是为数不多敢这么做的厂商之一，原因是苹果
的iPhone、iPad在全球有一大批粉丝。如今，Windows平台的平板电脑也开始推行限购，不知道是因为缺货
还是微软也在尝试饥饿营销。</p>
</body>
</html>
```

在代码中把h1标记选择器字号设为14px,p标记选择器字号设置为18px,这样p标签内的字号就比
h1标题字号大，运行结果如下图所示。

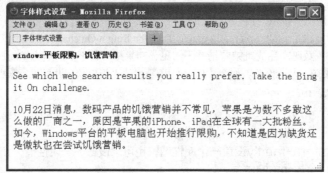

6.3.3 设置文字横向拉伸变形

在CSS中除了可以使字体倾斜，还可以使用font-stretch把字体横向拉伸变形。font-stretch有以
下三个属性值。

normal：默认值，不应用拉伸变形；

narrower：使用比当前设置的值导致字体宽度更小的值；

wider：使用比当前设置的值导致字体宽度更大的值。

这个属性在Firefox和IE下都不支持，用途较少，这里不再举例说明。

6.3.4 设置字体尺寸是否统一

对于字体尺寸还有一个相关的属性font-size-adjust，它的作用效果是字体名称序列是否强制使
用同一尺寸。它有两个属性值。

none：默认值，允许字体序列中每一字体遵守它的自己的尺寸。

number：为字体序列中所有字体强迫指定同一尺寸。

6.4 实例4——设置对象尺寸

本节视频教学时间：12分钟

设置对象的尺寸包括宽度、高度和垂直方向的属性设定。

6.4.1 对象宽度设定

对象的宽度用width属性设定，width本身就是宽度的意思，很容易识记。width可以作用在所有表格行和非可替换的行内元素上。实例如下（源文件参见随书光盘中的"源文件\ch06\06-8.html"）。

```
<!DOCTYPE html PUBLIC "-//W3C//DTD XHTML 1.0 Transitional//EN" "http://www.w3.org/TR/xhtml1/DTD/xhtml1-transitional.dtd">
<html xmlns="http://www.w3.org/1999/xhtml">
<head>
<meta http-equiv="Content-Type" content="text/html; charset=utf-8" />
<title>对象宽度设定</title>
<style>
img { float:left;                    /*设置浮动*/
    width: 100px;                    /*定义宽度*/
}
</style>
</head>
<body>
<img src="longma.jpg">
<span>自家天然蜂蜜自产自销，100%纯天然，亲，支持就来longma123.taobao.com</span>
</body>
</html>
```

图片的原始尺寸为310px×310px，在代码中强行定义图像宽度为100px，对原图进行了等比缩放显示，运行结果如下图所示。

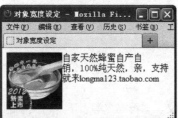

6.4.2 对象高度设定

对象的高度使用height属性进行设定，它的用法和width一样，属性值可以是百分比或者一个正整数。实例代码如下（源文件参见随书光盘中的"源文件\ch06\06-9.html"）。

```
<!DOCTYPE html PUBLIC "-//W3C//DTD XHTML 1.0 Transitional//EN" "http://www.w3.org/TR/xhtml1/DTD/xhtml1-transitional.dtd">
<html xmlns="http://www.w3.org/1999/xhtml">
<head>
<meta http-equiv="Content-Type" content="text/html; charset=utf-8" />
<title>对象高度设定</title>
<style>
img { float:left;                    /*设置浮动*/
    width: 100px;                    /*定义宽度*/
    height:200px;                    /*定义高度*/
}
```

```
</style>
</head>
<body>
<img src="longma.jpg">
<span>自家天然蜂蜜自产自销，100%纯天然，亲，支持就来longma123.taobao.com</span>
</body>
</html>
```

在6.4.1小节代码基础上，定义了高度属性为200px,这时图像不再等比缩放，而是被拉伸，运行结果如下图所示。

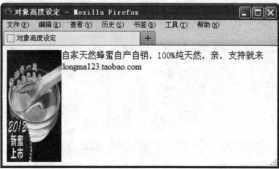

6.4.3 对象尺寸范围设定

对于img对象，为了保障图像缩放不失真，通常会给这类对象宽度或高度指定一个范围，在这个范围，图像效果是合理的。指定范围需要4个属性，每个属性的用法与width和height一样。4个属性分别如下。

max-width:指定最大宽度。

min-width:指定最小宽度。

max-height:指定最大高度。

min-height:指定最小高度。

6.4.4 文本行高控制

文本行高使用属性line-height定义，"行高"等于下一行文字的高度加上下段文字到上一行文字间距的和。实例代码如下（源文件参见随书光盘中的"源文件\ch06\06-10.html"）。

```
<!DOCTYPE html PUBLIC "-//W3C//DTD XHTML 1.0 Transitional//EN" "http://www.w3.org/TR/xhtml1/
DTD/xhtml1-transitional.dtd">
<html xmlns="http://www.w3.org/1999/xhtml">
<head>
<meta http-equiv="Content-Type" content="text/html; charset=utf-8" />
<title>文本行高的设定</title>
<style>
img { float:left;                    /*设置浮动*/
    width: 100px;                    /*定义宽度*/
}
span{ line-height:40px;              /*行高设定*/
}
</style>
</head>
<body>
```

```
<img src="longma.jpg">
<span>自家天然蜂蜜自产自销，100%纯天然，亲，支持就来longma123.taobao.com</span>
</body>
</html>
```

在6.4.1实例代码中，为span标签加了span选择器，定义行高为40px，使行距加大。运行结果如下图所示。

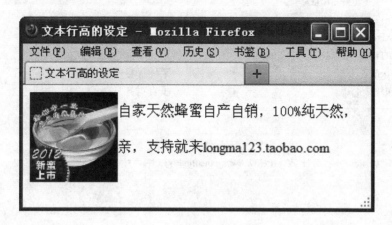

6.4.5 垂直对齐方式

垂直对齐方式使用vertical-align属性控制，通过为该属性设置不同值，产生多种对齐方式。属性值如下表。

值	描述
baseline	默认，元素放置在父元素的基线上
sub	垂直对齐文本的下标
super	垂直对齐文本的上标
top	把元素的顶端与行中最高元素的顶端对齐
text-top	把元素的顶端与父元素字体的顶端对齐
middle	把此元素放置在父元素的中部
bottom	把元素的底端与行中最低元素的底端对齐
text-bottom	把元素的底端与父元素字体的底端对齐
length	用长度值指定由基线算起的偏移量，可以为负值，基线对于数值来说为0
%	使用"line-height"属性的百分比值来排列此元素，允许使用负值
inherit	规定应该从父元素继承 vertical-align 属性的值

实例代码如下（源文件参见随书光盘中的"源文件\ch06\06-11.html"）。

```
<!DOCTYPE html PUBLIC "-//W3C//DTD XHTML 1.0 Transitional//EN" "http://www.w3.org/TR/xhtml1/
DTD/xhtml1-transitional.dtd">
<html xmlns="http://www.w3.org/1999/xhtml">
<head>
<meta http-equiv="Content-Type" content="text/html; charset=utf-8" />
<title>垂直对齐方式实例</title>
<style>
.vertical { font-size: 400%;                          /*定义字体大小*/
    font-family: "Times New Roman", Times;            /*选择字体*/
    font-weight: bold;                                /*字体加粗*/
    vertical-align: 125%; }                           /*垂直对齐*/
</style>
</head>
<body>
<p><span class="vertical">百分比值（125%）</span>的垂直对齐方法。</p>
</body>
</html>
```

在代码中，设置对齐方式为百分比值125%，运行结果如下图所示。

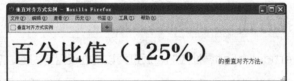

举一反三

在网页的排版中，合理的行间距设定更容易让浏览者阅读，从6.4.4节中，我们知道在网页中"行高"等于下一行文字的高度加上下段文字到上一行文字间距的和。不难得知，在字号大小一定情况下，调整行间距可以通过设置line-height属性值来实现。

高手私房菜

技巧：在网络中使用CSS的字体相关选项

在CSS中有许多和字体有关的选项，但哪一种最适合在网络应用中使用呢？绝对大小有许多缺陷，特别是在一致性、灵活性与访问性方面存在问题。与绝对字体大小相比，任何视力欠佳的用户可使用相对字体大小来扩大页面中的文字，这样更便于阅读。因此，开发者经常使用相对大小。

像素是最通用的大小值。多数浏览器都支持它，像素的一个缺点在于，它忽略或否定用户的喜好，且不能在IE中调整大小。

最常用的方法是使用em或百分比大小。em可在所有支持调整尺寸的浏览器中进行调整。em还与用户偏爱的默认大小有关。但在IE中应用em的结果难以预料，在IE中最好使用百分比来设定文本大小。

第 7 章
网页文本与段落设计

 本章视频教学时间：25 分钟

网页中的文字必不可少，而用来表达同一个意思的多个文字组合，可以称为段落。段落是文章的基本单位，同样也是网页的基本单位。段落的放置与效果的显示会直接影响到页面的布局及风格。CSS样式表提供了文本属性来实现对页面中段落文本的控制。本章继续学习与文字有关的设置和段落排版，上一章侧重基础，本章侧重应用。

【学习目标】

通过本章的学习，掌握段落标记、换行标记和标题标记等。

【本章涉及知识点】

段落标记

换行标记

标题标记

文本的应用

7.1 实例1——添加文本

📹 本节视频教学时间：5分钟

在网页编辑中，涉及两种文字的输入，第一是普通文本的输入，第二是特殊文字符号的输入。下面的实例说明怎么向网页中加入文本。

7.1.1 普通文本

普通文本添加过程按照如下步骤进行。

1 打开Dreamweaver CS6

打开Dreamweaver CS6，新建HTML文件07-1.html。

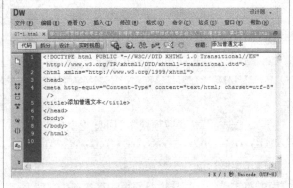

2 切换视图模式

切换到【设计】视图模式下，在光标闪动的地方就可以输入文字了。

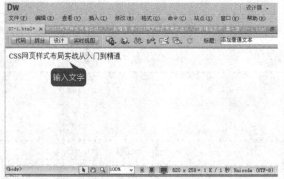

7.1.2 特殊文字符号

特殊文字符号添加可以通过两种方式进行：第一，输入法所带特殊字符库；第二，Dreamweaver CS6所带特殊字符。

1. 添加输入法所带特殊字符

1 打开输入法特殊字符面板

打开输入法特殊字符面板，比如笔者使用的搜狗输入法。

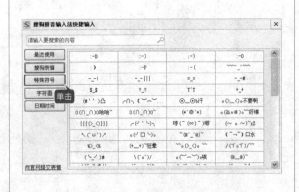

2 选择特殊字符

单击【特殊符号】按钮，再选择需要的字符单击一下即可。

2. 使用Dreamweaver特殊字符进行添加

1 选择【其他字符】命令	**2 选择所需字符**
选择【插入】▶【HTML】▶【特殊字符】▶【其他字符】命令。	选择所需字符单击即可，再单击【确定】按钮关闭特殊字符窗口。

单击

7.2 实例2——文本排版

本节视频教学时间：9分钟

文字输入之后，接下来的工作就是对输入的文字进行文本排版。在网页排版中频繁使用的有四种标记，分别是段落标记p、换行标记br、标题标记h、文本水平居中标记center。假如我们刚才输入的文档内容如下图所示。

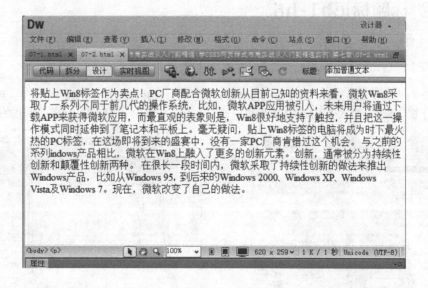

7.2.1 段落标记p与换行标记br

添加段落标记p与换行标记br 的步骤如下。

1 使用p标记进行分段

首先使用p标记进行分段，把光标停放在需要分段的地方，按【Enter】键，把文本分为四段。

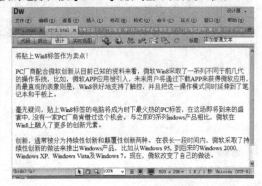

2 使用br标记进行分行

把光标停放在需要分行的地方，按【Shift+Enter】组合键进行分行。

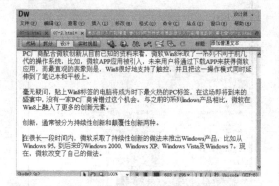

从源代码中可以看到，在需要分段和换行的位置插入了相应的p或者br标签，如下图所示。

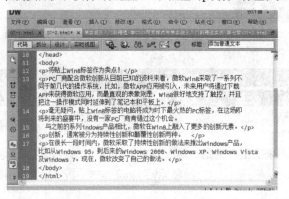

7.2.2 标题标记h1~h6

添加标题标记的步骤如下。

1 选择标题1

将第一行作为文章的标题。选中第一行文字，在【属性】窗口选择【格式】下拉框中的标题1。

2 查看效果

选中标题1后，在拆分模式下，可以清楚地看到第一行被加上h1标签，文字大小也产生了变化。

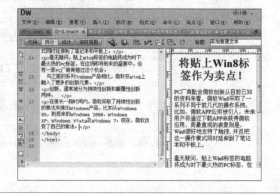

7.2.3 文本水平居中标记center

添加标题标记后标题文字是居左的，这不符合文章的布局，需要接着进行调整。

1 使用center标签把标题居中	2 在浏览器中浏览结果
这里就需要应用CSS去控制了。在head标签中加入如下代码。	在浏览器中结果如下图所示。

```
<style type="text/css">
h1{
    text-align:center;  }           /*设置文字居中*/
</style>
```

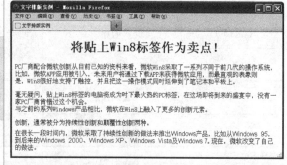

7.3 实例3——网页特殊字符

本节视频教学时间：6分钟

一般来说，在网页中一个特殊字符有两种表达方式，一种称作数字参考，另一种称作实体参考。

所谓数字参考，就是用数字来表示文档中的特殊字符，通常由前缀"&#"加上数值，再加上后缀";"而组成，它可以采用两种方式，例如：

&#16Array; 对应于特殊字符"©"

® 对应于特殊字符"®"

&#D; 其中D是一个十进制数值。

所谓实体参考，实际上就是用有意义的名称来表示特殊字符，通常由前缀"&"加上字符对应的名称，再加上后缀";"而组成。例如，可以使用"©"来表示版权符号"©"，用"®"来表示注册商标符号"®"，很显然，这比数字要容易记忆得多。

遗憾的是，不是所有的浏览器都能够正确认出采用实体参考方式的特殊字符，但是它们都能够识别出采用数字参考方式的特殊字符。如果可能，对于一些特别不常见的字符，应该使用数字参考方式。

当然，对于那些常见的特殊字符，使用其实体参考方式是安全的。我们在实际应用中，只要记住这些常用特殊字符的实体参考就足够了。

常见特殊字符如下表。

字符	数字参考	实体参考	描述
"	&#34;	&quot;	双引号
&	&#38;	&amp;	与操作
<	&#60;	&lt;	小于号
>	&#62;	&gt;	大于号
（空白）			空格
¥	&#165;	&yen;	元（人民币）
¦	&#166;	&brvbar;	竖直分隔号
©	&#16Array;	&copy;	版权符号
«	&#171;	&laquo;	左箭头
®	&#174;	&reg;	注册标记
°	&#176;	&deg;	摄氏度
±	&#177;	&plusmn;	加减
²	&#178;	&sup2;	平方
³	&#17Array;	&sup3;	三次方

实例代码如下。

```
<!DOCTYPE html PUBLIC "-//W3C//DTD XHTML 1.0 Transitional//EN" "http://www.w3.org/TR/xhtml1/
DTD/xhtml1-transitional.dtd">
<html xmlns="http://www.w3.org/1999/xhtml">
<head>
<meta http-equiv="Content-Type" content="text/html; charset=utf-8" />
<title>网页中的特殊符号</title>
</head>
<body>
<p style="font-size:20px;">实体符号：π Σ Ω</p>
<p style="font-size:20px;">数字符号：&#402; &#171; &#174;</p>
</body>
</html>
```

运行结果如下图所示。

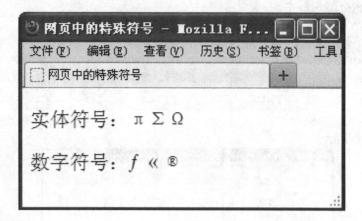

7.4 实例4——文本的应用

本节视频教学时间：5分钟

在7.2节的结果中，我们看到文章的排版还存在着段落首行没有缩进的问题，解决这个问题有两个方法。第一，在每段首行加入两个空格 " " 符号；第二，使用文本属性进行控制。第一种方法在一个大型信息网站中简直是编辑人员的噩梦，增加了许多无谓的工作量。CSS能控制网页中的任何元素，文本对象也不例外。

使用文本的text-indent属性解决首行缩进问题。

具体代码如下（源文件参见随书光盘中的 "源文件\ch07\07-4.html"）。

```html
<!DOCTYPE html PUBLIC "-//W3C//DTD XHTML 1.0 Transitional//EN" "http://www.w3.org/TR/xhtml1/DTD/xhtml1-transitional.dtd">
<html xmlns="http://www.w3.org/1999/xhtml">
<head>
<meta http-equiv="Content-Type" content="text/html; charset=utf-8" />
<title>文本的应用</title>
<style type="text/css">
h1{
    text-align:center;}              /*设置文字居中*/
p{
text-indent:30px;                /*定义缩进*/
}
</style>
</head>
<body>
<h1>将贴上Win8标签作为卖点！</h1>
<p>PC厂商配合微软创新从目前已知的资料来看，微软Win8采取了一系列不同于前几代的操作系统，比如，微软APP应用被引入，未来用户将通过下载APP来获得微软应用，而最直观的表象则是，Win8很好地支持了触控，并且把这一操作模式同时延伸到了笔记本和平板上。</p>
```

<p>毫无疑问，贴上Win8标签的电脑将成为时下最火热的PC标签，在这场即将到来的盛宴中，没有一家PC厂商肯错过这个机会。

与之前的系列Windows产品相比，微软在Win8上融入了更多的创新元素。</p>

<p>创新，通常被分为持续性创新和颠覆性创新两种。

在很长一段时间内，微软采取了持续性创新的做法来推出Windows产品，比如从Windows 95，到后来的Windows 2000、Windows XP、Windows Vista及Windows 7。现在，微软改变了自己的做法。</p>

</body>

</html>

运行结果如下图所示。

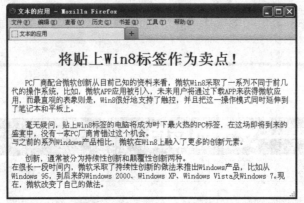

小提示

从上图中可以看到，用br标记分行后的行仍然需要缩进。目前CSS对br标记的控制有限，建议最好不用br标记或少用br标记，br标记能产生的效果p标记在CSS控制下同样可以实现。

高手私房菜

技巧：排版诗词

诗词排版（文字正写竖排，中文竖排，从右往左读）可以用如下代码实现。

```
<div style="layout-flow: vertical-ideographic;height:399;float:right;">
```

排版效果如下图所示。

小提示

有些浏览器可能不支持layout-flow这个属性。

第8章

文本样式

 本章视频教学时间：44 分钟

打开一个网页，首先看到的是网页布局、文本样式和文本风格。
本章将重点介绍使用CSS对文本进行定义，例如长度、颜色等。

【学习目标】

通过本章的学习，掌握定义文本长度、颜色、首行缩进、词间距和段间距等。

【本章涉及知识点】

长度单位

颜色定义

英文大小写转换

段落首行缩进

词间距

段间距

段落对齐方式

8.1 长度单位

在前面章节的例子中，我们经常看到px,它就是本节要讲的长度单位之一。在网页中，无论是图片的长宽、文字的大小，通常都用像素或百分比进行设置。

在CSS中，长度单位可以分为两类：相对类型和绝对类型。

1. 相对类型

CSS相对长度单位中的相对二字，表明了其长度单位会随着它的参考值的变化而变化，不是固定的。下面是相对类型单位列表。

CSS 相对长度单位	说明
em	元素的字体高度（The height of the element's font）
ex	字母 x 的高度（The height of the letter "x"）
px	像素（Pixels）
%	百分比（Percentage）

2. 绝对类型

绝对长度单位是一个固定的值，比如我们常用的mm就是毫米的意思。以下是CSS绝对长度单位列表。

CSS 绝对长度单位	说明
in	英寸（Inches）（1 英寸 =2.54 厘米）
cm	厘米（Centimeters）
mm	毫米（Millimeters）
pt	点（Points）（1 点 =1/72 英寸）
pc	皮卡 (Picas)（1 皮卡 =12 点）

8.2 实例1——颜色定义

在设置文字大小的同时，也可以通过改变文字的颜色，使显示效果可以像网络上的页面一样，具有丰富的色彩，重点更突出。

改变文字的颜色需要通过color属性进行设置。实例代码如下（源文件参见随书光盘中的"源文件\ch08\08-2.html"）。

```
<!DOCTYPE html PUBLIC "-//W3C//DTD XHTML 1.0 Transitional//EN" "http://www.w3.org/TR/xhtml1/DTD/xhtml1-transitional.dtd">
<html xmlns="http://www.w3.org/1999/xhtml">
<head>
<meta http-equiv="Content-Type" content="text/html; charset=utf-8" />
```

```
<title>颜色定义</title>
<style type="text/css">
.p1{font-size:10mm;                    /*设置字号大小*/
color:red;
}                                      /*设置文字颜色为红色*/
.p2{font-size:18px;                    /*设置字号大小*/
color:blue;                            /*设置文字颜色为蓝色*/
}
</style>
</head>
<body>
<p class="p1">绝对长度单位font-size:10mm</p>
<p class="p2">相对长度单位font-size:18px</p>
</body>
</html>
```

在代码中，设置p1标签color属性为红色，设置p2标签color属性为蓝色。运行效果如下图所示。

小提示

在没有使用color属性的时候，IE会默认为文字是黑色的，并使用白色的底色背景。

8.3 实例2——准备页面

本节视频教学时间：2分钟

下面先建立一个文本页面。

实例代码如下（源文件参见随书光盘中的"源文件\ch08\08-3.html"）。

```
<!DOCTYPE html PUBLIC "-//W3C//DTD XHTML 1.0 Transitional//EN" "http://www.w3.org/TR/xhtml1/
DTD/xhtml1-transitional.dtd">
<html xmlns="http://www.w3.org/1999/xhtml">
<head>
<meta http-equiv="Content-Type" content="text/html; charset=utf-8" />
<title>文本实例3</title>
</head>
<body>
```

```
<h1>苹果没有放弃保密制度</h1>
<p class="p1">When you sign up or add an email address to your account, you automatically receive an email
request to verify your address.
</p>
<p class="p2">近日，美国ArsTechnica网站对一批苹果内部员工和工程师进行了采访。其中多数工程师
表示，保密制度和乔布斯时代一致，并未有改动，有少数的工程师甚至表示，保密比过去略有严格。</p>
</body>
</html>
```

在代码中设定了一个h1标签作为标题，两个p标签作为正文段落。没有使用任何CSS样式的效果
如下图所示。

8.4 实例3——设置文字的字体

本节视频教学时间：3分钟

在CSS中可以使用font-family给文字设置字体。

针对上面的页面，在head标签中加入如下代码（源文件参见随书光盘中的"源文件\ch08\08-4.
html"）。

```
<style type="text/css">
h1{
    font-family:"微软雅黑";                          /*设置字体族*/
}
p{
    font-family:Arial, Helvetica, sans-serif;        /*设置字体族*/
}
</style>
```

上述语句设置标题字体为"微软雅黑"，正文字体为"Arial, Helvetica, sans-serif"，运行结果
如下图所示。

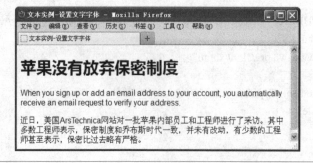

8.5 实例4——设置文字的倾斜效果

本节视频教学时间：2分钟

在CSS中，通过使用font-style定义文字倾斜效果，从前边的章节可以知道，使文字倾斜用oblique属性值。

在样式中加入如下代码（源文件参见随书光盘中的"源文件\ch08\08-5.html"）。

```
.p1{
    font-style:oblique;          /*设置文字倾斜*/
}
```

设置第一段的英文字母为斜体，运行结果如下图所示。

8.6 实例5——设置文字的加粗效果

本节视频教学时间：2分钟

使用font-weight给第一段的英文字母加上加粗效果。

在类别选择器.p1中加入如下代码（源文件参见随书光盘中的"源文件\ch08\08-6.html"）。

```
font-weight:bold;                /*设置文字加粗*/
```

运行结果如下图所示。

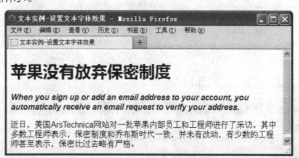

8.7 实例6——英文字母大小写转换

本节视频教学时间：3分钟

英文的大小写转换在实际网页制作中也经常用到，使用font-variant可以实现英文字母变大写，但是不能实现英文大写字母到小写字母的转换，如果要实现英文字母大小写转换需要借助text-transform。

在样式中加入如下代码（源文件参见随书光盘中的"源文件\ch08\08-7.html"）。

```
.p1{
    font-style:oblique;                    /*设置文字倾斜*/
    font-weight:bold;                      /*设置文字加粗*/
    text-transform:uppercase;              /*设置文字英文字母大写*/
}
.p2{
    text-transform:lowercase;              /*设置文字英文字母小写*/
}
```

把第一段的英文字母转为大写，把第二段的英文字母转为小写，运行效果如下图所示。

8.8 实例7——控制文字的大小

本节视频教学时间：3分钟

使用font-size改变文字的大小，通过修改p标记选择器，可以同时控制两段文字。

修改后的p标记选择器代码如下（源文件参见随书光盘中的"源文件\ch08\08-8.html"）。

```
p{
    font-family:Arial, Helvetica, sans-serif;        /*设置字体族*/
    font-size:18px;                                  /*设置字号大小*/
}
```

设置p标签字号为18px，运行后的结果如下图所示。

8.9 实例8——文字的装饰效果

本节视频教学时间：2分钟

在日常办公使用的Office中，可以为文字设置下画线进行修饰，在CSS中使用text-decoration属性同样可以实现这一效果。

给标题增加下画线，修改h标记选择器代码如下（源文件参见随书光盘中的"源文件\ch08\08-9.html"）。

```
h1{
    font-family:"微软雅黑";              /*设置字体族*/
    text-decoration:underline;          /*设置文字下画线装饰*/
}
```

运行结果如下图所示。

8.10 实例9——设置段落首行缩进

本节视频教学时间：3分钟

在文本段落编排中，首行一般都需要空两格，在CSS中通过使用text-indent属性完成这一设置。

修改p标记选择器中代码如下（源文件参见随书光盘中的"源文件\ch08\08-10.html"）。

```
p{
    font-family:Arial, Helvetica, sans-serif;    /*设置字体族*/
    font-size:18px;                              /*设置字号*/
    text-indent:35px;                            /*设置缩进*/
}
```

text-indent值为35px时，能达到缩进两个当前汉字大小的状态，运行结果如下图所示。

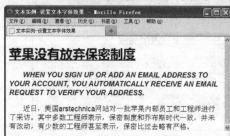

8.11 实例10——设置字词间距

本节视频教学时间：3分钟

在CSS中也可以灵活设置字母或单词之间的距离。字母之间的距离控制使用letter-spacing，单词之间的距离控制通过word-spacing实现，修改p1类别选择器代码，使第一段的英文字母间距变大，单词间的距离也增加。

修改后的p1选择器代码如下（源文件参见随书光盘中的"源文件\ch08\08-11.html"）。

```
.p1{
    font-style:oblique;                /*设置字体倾斜*/
    font-weight:bold;                  /*设置文字加粗*/
    text-transform:uppercase;          /*英文字母转大写*/
    letter-spacing:3px;                /*设置字间距*/
    word-spacing:10px;                 /*设置词间距*/
}
```

运行后结果如下图所示。

8.12 实例11——设置段落内部的文字行高

本节视频教学时间：2分钟

熟悉HTML的人都知道，在HTML中是没有办法控制段落内部的行高的，而CSS可以使用line-height控制段内行高。

修改p2类别选择器代码，改变段落二内行与行之间的距离，修改后的p2类别选择器代码如下（源文件参见随书光盘中的"源文件\ch08\08-12.html"）。

```
.p2{
    text-transform:lowercase;          /*文字中英文字母小写*/
    line-height:30px;                  /*定义行高*/
}
```

运行结果如下图所示。

8.13 实例12——设置段落之间的距离

本节视频教学时间：2分钟

CSS作为强大的网页版式控制语言，不仅能控制行与行之间的距离，只要灵活运用也可以控制段与段之间的距离。通过分析代码，可以知道要改变段与段之间的距离，实际上就是加大两个p标签盒子上下边距之间的距离，margin属性可以解决这一问题。

修改后p标记选择器的代码如下（源文件参见随书光盘中的"源文件\ch08\08-13.html"）。

```
p{
    font-family:Arial, Helvetica, sans-serif;    /*设置字体族*/
    font-size:18px;                              /*设置字号大小*/
    text-indent:35px;                            /*定义缩进*/
    margin:30px 0px;                             /*设置外边距*/

}
```

在代码中设定p标记选择器上下边距为30px，左右边距不变，运行结果如下图所示。

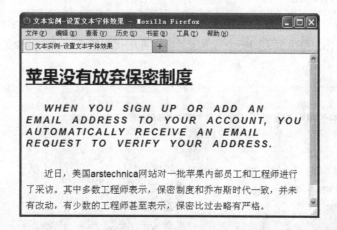

8.14 实例13——控制文本的水平位置

本节视频教学时间：2分钟

现在可以观察到标题还是居左的方式，运用CSS的text-align更改对齐方式为居中。

修改后的h标记选择器的代码如下（源文件参见随书光盘中的"源文件\ch08\08-14.html"）。

```
h1{
    font-family:"微软雅黑";              /*定义字体族*/
    text-decoration:underline;          /*设置文字下画线*/
    text-align:center;                  /*设置文字居中*/
}
```

运行结果如下图所示。

8.15 实例14——设置文字与背景的颜色

本节视频教学时间：5分钟

现在的标题依然感觉不是那么凸显，页面也不活泼，为了改变这个缺点，可以使用设置文本颜色属性color、设置背景颜色属性background-color或设置背景图片属性background-image。background-color与color使用方法是一样的，属性值可以为数值或百分比。background-image也与它们的使用方式相似，只是它的属性值是个字符串。

使用color将标题文字改为红色，使用background-color设置标题文字背景为绿色，使用background-image为整个页面加一个背景图片。改变的代码如下（源文件参见随书光盘中的"源文件\ch08\08-15.html"）。

```
body{
    background-image:url("bg.jpg");          /*设置页面背景*/
}
h1{
    font-family:"微软雅黑";                   /*设置字体族*/
    text-decoration:underline;               /*设置文字下画线*/
    text-align:center;                       /*设置文字居中*/
    color:red;                               /*设置文字颜色*/
    background-color:green;                  /*设置h1标记背景*/
}
```

运行后结果如下图所示。

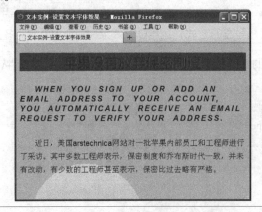

8.16 实例15——设置段落的垂直对齐方式

本节视频教学时间：4分钟

我们还可以使用text-align设置段落垂直对齐方式，使排版页面更具有独特风格。

源代码如下（源文件参见随书光盘中的"源文件\ch08\08-16.html"）。

```
<!DOCTYPE html PUBLIC "-//W3C//DTD XHTML 1.0 Transitional//EN" "http://www.w3.org/TR/xhtml1/
DTD/xhtml1-transitional.dtd">
<html xmlns="http://www.w3.org/1999/xhtml">
<head>
<meta http-equiv="Content-Type" content="text/html; charset=utf-8" />
<title>文本实例-设置文本字体效果</title>
<style type="text/css">
body{
background-image:url("bg.jpg");                      /*设置整体页面背景*/
}
h1{
    font-family:"微软雅黑";                           /*设置字体族*/
    text-decoration:underline;                       /*设置文字下画线*/
    text-align:center;                               /*设置文字居中*/
    color:red;                                       /*设置文字颜色*/
    background-color:green;                          /*设置标记背景*/
}
p{
    font-family:Arial, Helvetica, sans-serif;        /*设置字体族*/
    font-size:18px;                                  /*设置字号*/
    text-indent:35px;                                /*设置缩进*/
    margin:30px 0px;                                 /*设置外边距*/
}
.p1{
    font-style:oblique;                              /*设置字体倾斜*/
    font-weight:bold;                                /*设置文字加粗*/
    text-transform:uppercase;                        /*设置英文字母转大写*/
    letter-spacing:3px;                              /*设置字间距*/
    word-spacing:10px;                               /*设置词间距*/
}
.p2{
    text-transform:lowercase;                        /*设置英文字母转小写*/
    line-height:30px;                                /*设置行高*/
}
.vertical {
    font-size: 400%;                                 /*设置字号大小*/
    font-family: "Times New Roman", Times;           /*设置字体族*/
    font-weight: bold;                               /*设置文字加粗*/
    vertical-align: -20px; }                         /*设置垂直对齐*/
</style>
</head>
<body>
<h1>苹果没有放弃保密制度</h1>
<p class="p1"><span class="vertical">When</span> you sign up or add an email address to your account, you
automatically receive an email request to verify your address.
```

```
    </p>
    <p class="p2">近日，美国ArsTechnica网站对一批苹果内部员工和工程师进行了采访。其中多数工程师
表示，保密制度和乔布斯时代一致，并未有改动，有少数的工程师甚至表示，保密比过去略有严格。</p>
    </body>
    </html>
```

在代码中为单词when增加了span标签，并在样式中设定类别选择器vertical与span关联。运行结果如下图所示。

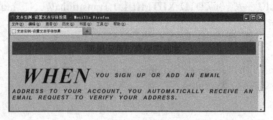

举一反三

英文字母大小写转换属性，既可以用在页面文字排版中，也可以用在输入验证比较中。在实际使用中最常用的登录框的验证就可以使用这个属性。

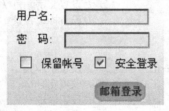

在输入框中，通过设置text-transform属性，可以避免大小写造成比较失败的问题。

高手私房菜

技巧：添加酷炫文字效果

在互联网上，常常看到有些很炫酷的文字效果，它们是怎么实现的呢？可以通过滤镜这个属性实现，下面是几种常用的滤镜效果。

1. 发光效果

```
<font style="filter: glow(color=#FF0000,strength=3); height: 1px;" face="楷体" color="#FFFFFF" size="4">天生我材必有用</font>
```

2. 阴影效果

```
<font style="color: #990099; filter: shadow(color=blue); font-family: 方正舒体; font-size: 20pt; width: 100%"><b>人不是为失败而生的</b></font>
```

3. 渐变效果

```
<font style="font-size:30pt;filter:alpha(opacity=100,style=1);width:100%; color:red;line-height:100%;font-family:华文行楷"><b>为伊消得人憔悴</b></font>
```

第 9 章
文本颜色与效果

本章视频教学时间：40 分钟

在第8章中，通过一个综合的文本排版实例，介绍了网页设置的各种效果属性，本章再针对几个文本属性进行深入的介绍和讲解，进一步加深对文本效果设置属性的理解和运用。

【学习目标】

通过本章的学习，熟练掌握文本颜色、文本间距和设置文本效果属性。

【本章涉及知识点】

设置文本的颜色

特殊文本效果的设置

控制文本间距

9.1 实例1——文本颜色

本节视频教学时间：14分钟

在信息传递中，颜色能增强信息的传递效果，给页面加上某种类型信息赋予的独特颜色，可以起到强调或者弱化效果。比如，可以用明亮、绚丽的颜色标记新的信息，而过时的信息使用暗淡的颜色进行显示对比，更加突出新信息的重要性。

可以使用color属性设置前景色，使用background-color属性设置背景色。color属性可以被继承，比如border属性颜色值省略，将使用color属性设置的颜色。

9.1.1 定义颜色值

CSS中颜色定义的方法有两种，第一种是使用颜色名称，如红色（red）或者蓝色（blue），第二种是使用RGB值。

1. 颜色名称

在CSS中，能正确识别的有17种颜色，浏览器能很好地支持这些颜色的名称，它们是aqua、black、blue、fuchsia、gray、green、lime、maroon、navy、olive、orange、purple、red、silver、teal、white和yellow。

还有一些颜色比如pink、cyan被很多浏览器支持，但这些颜色还没有被纳入CSS规范中，在实际使用中最好要避免声明这样的颜色名称。

2. RGB值

RGB就是红、绿、蓝。这三个颜色是显示器显示的3个原色，其他若干个颜色都是由这3个颜色组合形成的。红色表示为RGB（255,0,0），绿色表示为RGB（0,255,0），蓝色表示为RGB（0,0,255）。

在CSS中使用3种方法表示RGB值。

第一种，十六进制表示法。如：

```
div{color:#AA55EE; }                    /*设定颜色值为十六进制值*/
```

这表示前景颜色应该具有红色值AA（十进制为170），绿色值55（十进制为85），蓝色值EE（十进制为238），是一种紫蓝色效果。

第二种，十进制表示法。比如刚才AA55EE这个颜色可以表示如下。

```
div{color:RGB(170,85,238); }            /*定义颜色值为十进制值*/
```

第三种，百分比表示法。就是把每种颜色的十进制值与255相除取百分比值，比如AA55EE这个颜色可以表示如下。

```
div{color:RGB(67%,33%,93%); }           /*定义颜色值为百分比值*/
```

在CSS中设置任何颜色时，都可以使用这些颜色值，实例代码如下（源文件参见随书光盘中的"源文件\ch09\09-1.html"）。

```
<html xmlns="http://www.w3.org/1999/xhtml">
<head>
<meta http-equiv="Content-Type" content="text/html; charset=utf-8" />
<title>定义颜色值实例</title>
<style type="text/css">
p{ height:30px;                         /*设置高度*/
```

```
        font-size:18px;                      /*设置字号*/
    }
    .p1{ color:#AA55EE;}                  /*设置文字颜色*/
    .p2{ color:RGB(170,85,238);}          /*设置颜色十进制值*/
    .p3{ color:RGB(67%,33%,93%);}         /*设置颜色百分比值*/
    </style>
    </head>
    <body>
    <p class="p1">p1{ color:#AA55EE;}</p>
    <p class="p2">p2{ color:RGB(170,85,238);}</p>
    <p class="p3">p3{ color:RGB(67%,33%,93%);}</p>
    </body>
    </html>
```

在代码中我们设置了3个p标签，查看同一颜色的三种表现方式效果是一样的，结果如下图所示。

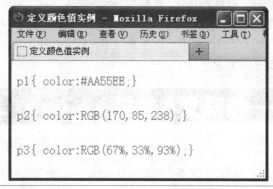

9.1.2 有效使用颜色

色彩是人的视觉最敏感的东西，页面的色彩处理得好，可以锦上添花，达到事半功倍的效果。所以怎么合理有效地使用颜色对传递信息内容有很重要的暗示。

1. 色彩的特征

(1) 色彩的冷暖感：红、橙、黄代表太阳、火焰；蓝、青、紫代表大海、晴空；绿、紫代表不冷不暖的中性色；无色系中的黑代表冷，白代表暖。

(2) 色彩的软硬感：高明度、高纯度的色彩给人以软的感觉；反之，则感觉硬。

(3) 色彩的强弱感：亮度高的明亮、鲜艳的色彩感觉强；反之，则感觉弱。

(4) 色彩的兴奋与沉静：红、橙、黄，偏暖色系，高明度、高纯度、对比强的色彩感觉兴奋；青、蓝、紫，偏冷色系，低明度、低纯度、对比弱的色彩感觉沉静。

(5) 色彩的华丽与朴素：红、黄等暖色和鲜艳而明亮的色彩给人以华丽感，青、蓝等冷色和浑浊而灰暗的色彩给人以朴素感。

(6) 色彩的进退感：对比强、暖色、明快、高纯度的色彩代表前进；反之，代表后退。

2. 颜色的心理感觉

不同的颜色会给浏览者不同的心理感受。

红色：红色是一种激奋的色彩，代表热情、活泼、温暖、幸福和吉祥。红色容易引起人们注意，也容易使人兴奋、激动、热情、紧张和冲动，而且还是一种容易造成人视觉疲劳的颜色。

绿色：绿色代表新鲜、希望、和平、柔和、安逸和青春，显得和睦、宁静、健康。绿色具有黄色和蓝色两种成分颜色。在绿色中，将黄色的扩张感和蓝色的收缩感中和，并将黄色的温暖感与蓝色的寒冷感相抵消。绿色和金黄、淡白搭配，可产生优雅、舒适的气氛。

蓝色：蓝色代表深远、永恒、沉静、理智、诚实、公正、权威，是最具凉爽、清新特点的色彩。蓝色和白色混合，能体现柔顺、淡雅、浪漫的气氛（如天空的色彩）。

黄色：黄色具有快乐、希望、智慧和轻快的个性，它的明度最高，代表明朗、愉快、高贵，是色彩中最为娇气的一种色。只要在纯黄色中混入少量的其他色，其色相感和色性格均会发生较大程度的变化。

紫色：紫色代表优雅、高贵、魅力、自傲和神秘。在紫色中加入白色，可使其变得优雅、娇气，并充满女性的魅力。

橙色：橙色也是一种激奋的色彩，具有轻快、欢欣、热烈、温馨、时尚的效果。

白色：白色代表纯洁、纯真、朴素、神圣和明快，具有洁白、明快、纯真、清洁的感觉。如果在白色中加入其他任何色，都会影响其纯洁性，使其性格变得含蓄。

黑色：黑色具有深沉、神秘、寂静、悲哀、压抑的感受。

总而言之，色彩对人的视觉效果非常明显。一个网站设计的成功与否，在某种程度上取决于设计者对色彩的运用和搭配，因为网页设计属于一种平面效果设计。在平面图上，色彩的冲击力是最强的，它最容易给客户留下深刻的印象。

9.2 实例2——特殊文本效果

本节视频教学时间：10分钟

可以通过设置文本的特殊效果来修饰文本，包括text-decoration属性和text-transform属性。

9.2.1 text-decoration属性

在HTML语言中，text-decoration属性可以用于添加对文本的修饰（例如加下画线）。修饰的颜色由 color属性设置。text-decoration属性值列表如下。

值	描述
none	默认
underline	定义文本下的一条线
overline	定义文本上的一条线
blink	定义闪烁文本
lin-through	定义穿过文本的一条线

实例代码如下（源文件参见随书光盘中的"源文件\ch09\09-2.html"）。

```
<html xmlns="http://www.w3.org/1999/xhtml">
<head>
<meta http-equiv="Content-Type" content="text/html; charset=utf-8" />
<title>text-decoration实例</title>
<style type="text/css">
 p{
```

```
font-size:18px;                          /*设置字号*/
text-decoration: underline;              /*设置下画线*/
color:green;                             /*设置文字颜色*/
}
.p1{ text-decoration: overline;}         /*设置下画线类型*/
.p2{ text-decoration: blink;}            /*设置下画线类型*/
.p3{text-decoration:none;}               /*清除下画线*/
</style>
</head>
<body>
<p>p标记选择器下画线</p>
<p class="p1">标记选择器下画线</p>
<p class="p2">标记选择器下画线</p>
<p class="p3">标记选择器下画线</p>
</body>
</html>
```

在代码中设置了4行文字，每行使用一个属性，运行结果如下图所示。

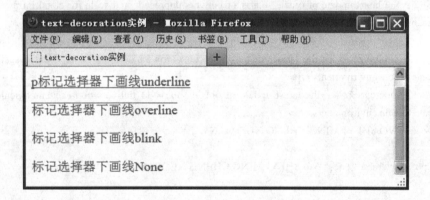

9.2.2 text-transform属性

text-transform属性控制文本的大小写，而不论源文档中文本的大小写。 text-transform属性列表如下。

值	描述
none	默认无转换
capitalize	将每个单词的第一个字母转换成大写
uppercase	转换成大写
lowercase	转换成小写
inherit	规定应该从父元素继承 text-transform 属性的值

实例代码如下（源文件参见随书光盘中的"源文件\ch09\09-3.html"）。

```
<!DOCTYPE html PUBLIC "-//W3C//DTD XHTML 1.0 Transitional//EN" "http://www.w3.org/TR/xhtml1/
DTD/xhtml1-transitional.dtd">
<html xmlns="http://www.w3.org/1999/xhtml">
<head>
<meta http-equiv="Content-Type" content="text/html; charset=utf-8" />
<title>text-transform实例</title>
<style type="text/css">
 p{
   font-size:18px;                      /*设置字号*/
 }
.p1{ text-transform:capitalize;}        /*设置首字母大写*/
.p2{ text-transform:uppercase;}         /*设置大写字母*/
.p3{ text-transform:lowercase;}         /*设置小写字母*/
</style>
</head>
<body>
<p>小写原文：the latest update of oracle solaris 11 delivers unprecedented scale for cloud infrastructures and
Oracle environments.
</p>
<p class="p1"> capitalize 效果: the latest update of oracle solaris 11 delivers unprecedented scale for cloud
infrastructures and Oracle environments.</p>
<p class="p2">uppercase效果：the latest update of oracle solaris 11 delivers unprecedented scale for cloud
infrastructures and Oracle environments.</p>
<p>大写原文：WO SHI YI MING CHENG XU YUAN
</p>
<p class="p3">lowercase效果：WO SHI YI MING CHENG XU YUAN</p>
</body>
</html>
```

在代码中，有两行大小写原文作为参考，使用text-transform属性进行转换，运行结果如下图所示。

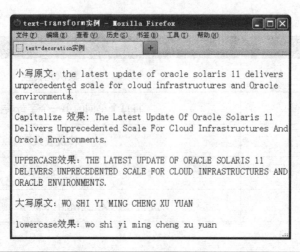

小提示

font-variant与text-transform在英文字母转为大写字母时的区别：通过font-variant转换后的字母大小不发生变化，而应用text-transform转为大写字体会变大。

9.3 实例3——控制文本间距

本节视频教学时间：16分钟

可以通过控制文本间距来修饰文本，包括letter-spacing属性、word-spacing属性、white-spacing属性和line-height属性。

9.3.1 letter-spacing属性

letter-spacing属性增加或减少字符间的空白来控制文本字符之间的距离，属性值定义了在文本字符框之间插入多少空间。由于字符字形通常比其字符框要窄，指定长度值时，会调整字符之间通常的间隔。

实例代码如下（源文件参见随书光盘中的"源文件\ch09\09-4.html"）。

```
<!DOCTYPE html PUBLIC "-//W3C//DTD XHTML 1.0 Transitional//EN" "http://www.w3.org/TR/xhtml1/
DTD/xhtml1-transitional.dtd">
<html xmlns="http://www.w3.org/1999/xhtml">
<head>
<meta http-equiv="Content-Type" content="text/html; charset=utf-8" />
<title>letter-spacing实例</title>
<style type="text/css">
p{
    font-size:18px;                    /*设置字号*/
}
.p1{letter-spacing:10px;}              /*设置字距*/
</style>
</head>
<body>
<p>英文原文：the latest update of oracle solaris 11 delivers unprecedented scale for cloud infrastructures and
Oracle environments.
</p>
<p>使用letter-spacing效果:</p>
<p class="p1">the latest update of oracle solaris 11 delivers unprecedented scale for cloud infrastructures and
Oracle environments.</p>
<p>汉字原文：我是一名程序员</p>
<p>使用letter-spacing效果:</p>
<p class="p1">我是一名程序员</p>
</body>
</html>
```

letter-spacing属性对汉字和英文都有效，在例子中分别设置英文和汉字，并对其使用letter-spacing属性，运行结果如下图所示。

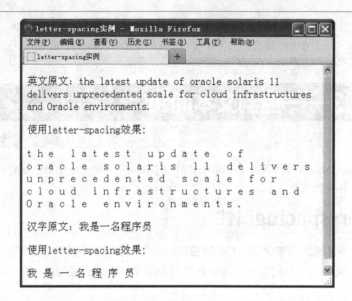

小提示

(1) letter-spacing属性只对文字起作用，对于图片是失效的。

(2) letter-spacing属性对汉字是以一个字进行间隔的，对于英文是以一个字母进行间隔的。

9.3.2 word-spacing属性

在CSS中不仅可以控制字母之间的间距，还可以控制单词之间的距离，通过使用word-spacing属性增加或减少单词间的空白。该属性定义元素中单词之间插入多少空白符。

实例代码如下（源文件参见随书光盘中的"源文件\ch09\09-5.html"）。

```
<!DOCTYPE html PUBLIC "-//W3C//DTD XHTML 1.0 Transitional//EN" "http://www.w3.org/TR/xhtml1/
DTD/xhtml1-transitional.dtd">
<html xmlns="http://www.w3.org/1999/xhtml">
<head>
<meta http-equiv="Content-Type" content="text/html; charset=utf-8" />
<title>word-spacing实例</title>
<style type="text/css">
p{
    font-size:18px;                        /*设置字号*/
}
.p1{word-spacing:20px;}                    /*设置词距*/
</style>
</head>
<body>
<p>英文原文：the latest update of oracle solaris 11 delivers unprecedented scale for cloud infrastructures and
Oracle environments.
</p>
<p>使用word-spacing效果:</p>
<p class="p1">the latest update of oracle solaris 11 delivers unprecedented scale for cloud infrastructures and
Oracle environments.</p>
<p>汉字原文：我是一名程序员</p>
<p>使用word-spacing效果:</p>
```

```
<p class="p1">我是一名程序员</p>
</body>
</html>
```

像letter-spacing一样，分别在英文与汉字中设置word-spacing属性，运行结果如下图所示。

小提示

(1) 用Dreamweaver等软件进行编辑时，在编辑界面中是看不到效果的，只有在浏览器中才能看到。

(2) 可以看到word-spacing属性只有对英文单词才有效。

9.3.3 white-spacing属性

white-space属性设置如何处理元素内的空白。属性值列表如下。

值	描述
normal	默认，空白会被浏览器忽略
pre	空白会被浏览器保留，其行为方式类似 HTML 中的 <pre> 标签
nowrap	文本不会换行，文本会在同一行上继续，直到遇到
 标签为止
pre-wrap	保留空白符序列，但是正常地进行换行
pre-line	合并空白符序列，但是保留换行符

实例代码如下（源文件参见随书光盘中的"源文件\ch09\09-6.html"）。

```
<!DOCTYPE html PUBLIC "-//W3C//DTD XHTML 1.0 Transitional//EN" "http://www.w3.org/TR/xhtml1/
DTD/xhtml1-transitional.dtd">
<html xmlns="http://www.w3.org/1999/xhtml">
<head>
<meta http-equiv="Content-Type" content="text/html; charset=utf-8" />
```

```
<title>white-spacing实例</title>
<style type="text/css">
p{
    font-size:18px;                          /*设置字号*/
}
.p1{ white-space:pre;}                        /*设置处理空白的方式*/
.p2{white-space:nowrap;}
.p3{white-space:pre-wrap;}
.p4{white-space:pre-line;}
</style>
</head>
<body>
<p>the    latest    update    of    oracle solaris
</p>
<p>使用white-spacing pre效果:</p>
<p class="p1">the    latest    update of    oracle solaris</p>
<p>使用white-spacing nowrap效果:</p>
<p class="p2">the    latest    update    of    oracle solaris</p>
<p>使用white-spacing pre-wrap效果:</p>
<p class="p3">the    latest    update    of    oracle solaris</p>
<p>使用white-spacing pre-line效果:</p>
<p class="p4">the    latest    update    of    oracle solaris</p>
</body>
</html>
```

运行结果如下图所示。

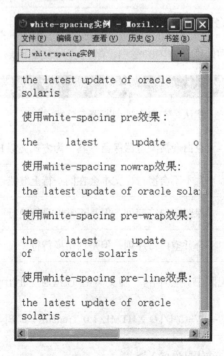

从上图可以直观地看出，pre和pre-line区别在于一个能换行，一个不能换行；nowrap作用效果是合并空格，不能换行；pre-wrap作用效果是不合并空格，但能换行。

9.3.4 line-height属性

letter-spacing、word-spacing、white-spacing都是用来处理文字间的距离，而line-height是用来处理行与行之间的距离，这样就解决了文字排版的字间距与行间距的问题。line-height属性用来设置行间的距离（行高）。在应用到一个块级元素时，它定义了该元素中基线之间的最小距离而不是最大距离。属性值列表如下。

值	描述
normal	默认，设置合理的行间距
number	设置数字，此数字会与当前的字体尺寸相乘来设置行间距
length	设置固定的行间距
%	基于当前字体尺寸的百分比行间距

实例代码如下（源文件参见随书光盘中的"源文件\ch09\09-7.html"）。

```
<!DOCTYPE html PUBLIC "-//W3C//DTD XHTML 1.0 Transitional//EN" "http://www.w3.org/TR/xhtml1/DTD/xhtml1-transitional.dtd">
<html xmlns="http://www.w3.org/1999/xhtml">
<head>
<meta http-equiv="Content-Type" content="text/html; charset=utf-8" />
<title>line-height实例</title>
<style type="text/css">
 p{
    font-size:18px;
 }
.p1{ line-height:40px;}
</style>
</head>
<body>
<p>未使用line-height效果:</p>
<p>the latest update of oracle solaris the latest update of oracle solaris the latest update of oracle solaris the latest update of oracle solaris
</p>
<p>使用line-height效果</p>
<p class="p1">the latest update of oracle solaris the latest update of oracle solaris the latest update of oracle solaris the latest update of oracle solaris</p>
</body>
</html>
```

在代码中设置两段文字，用来对比未使用line-height和使用line-height的效果，运行结果如下图所示。

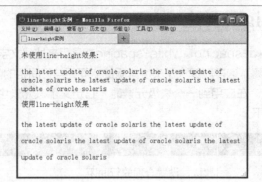

可以看到把line-height值设为40px时，行间距明显变大。

line-height属性值不允许使用负值。

举一反三

在网页中，我们经常会使用textarea文本域保存文本来提交信息，如果在textarea中输入换行，结果如下图所示。

在提交到的数据表中，我们可以看得更直观，如下图所示。

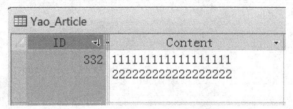

如果直接从数据库中读取刚才提交的值，输出的文字并不会换行，这是一个典型的处理空白的问题。我们期望输出的就是我们输入的信息，这时候就需要借助white-spacing：pre-wrap实现。

高手私房菜

技巧：字体选择的要点

网页设计者可以用字体来更充分地体现设计中要表达的情感。字体选择是一种感性、直观的行为。但是，无论选择什么字体，都要依据网页的总体设想和浏览者的需要。例如，粗体字强壮有力，有男性特点，适合机械、建筑业等内容；细体字高雅细致，有女性特点，更适合服装、化妆品、食品等行业的内容。在同一页面中，字体种类少，版面雅致，有稳定感；字体种类多，则版面活跃，丰富多彩。关键是如何根据页面内容来掌握这个比例关系。

最适合于网页正文显示的字体大小为12磅左右，现在很多的综合性站点，由于在一个页面中需要安排的内容较多，通常采用9磅的字号。较大的字体可用于标题或其他需要强调的地方，小一些的字体可以用于页脚和辅助信息。需要注意的是，小字号容易产生整体感和精致感，但可读性较差。

第 10 章
背景颜色与图像

 本章视频教学时间：42 分钟

任何一个页面，首先映入眼帘的就是网页的背景色和图片，不同类型网站有不同背景和图片。因此页面中的背景通常是网站设计时一个重要的步骤。对于单个HTML元素，可以通过CSS 3属性设置元素背景。

【学习目标】

通过本章的学习，掌握使用 CSS 定义背景颜色、背景图像、背景图像显示样式和图片滑动等。

【本章涉及知识点】

设置背景颜色

设置背景图像

设置背景图像平铺与设置背景图像位置

设置背景图片位置固定

滑动门技术

10.1 实例1——设置背景颜色

本节视频教学时间：5分钟

在CSS中，背景设置是很强大的。background-color属性可以作用在所有元素上，用于设定网页背景色。同设置前景色的color属性一样，background-color属性接受任何有效的颜色值，而对于没有设定背景色的标记，默认背景色为透明（transparent）。

其语法格式为：

{background-color : transparent | color}

关键字transparent是个默认值，表示透明。背景颜色color设定方法可以采用英文单词、十六进制色、RGB、HSL、HSLA和GRBA。

实例代码如下（源文件参见随书光盘中的"源文件\ch10\10-1.html"）。

```
<!DOCTYPE html PUBLIC "-//W3C//DTD XHTML 1.0 Transitional//EN" "http://www.w3.org/TR/xhtml1/DTD/xhtml1-transitional.dtd">
<html xmlns="http://www.w3.org/1999/xhtml">
<head>
<meta http-equiv="Content-Type" content="text/html; charset=utf-8" />
<title>设置背景颜色实例</title>
<style type="text/css">
<!--
h1{font-family:黑体;                        /*设置字体*/
   background-color:green;                  /*设置背景颜色*/
   color:red;}                              /*设置文字颜色*/
p{font-family: Arial, "Times New Roman";    /*设置字体族*/
background-color:#CCC;                       /*设置背景颜色*/
}
-->
</style>
</head>
<body>
<h1>Oracle数据库</h1>
<p>Oracle数据库11g继续实现创新，它通过以下方式帮助降低成本并提供更高质量的服务,将企业应用数据库集群并整合到快速、可靠和可扩展的私有云中。
</p>
</body>
</html>
```

代码中包含一个标题和一段文字，分别为标题和文字设置不同的背景，运行结果如下图所示。

代码中background-color为标题增加一个绿色的背景色，如果要给整个页面设置一个背景色，只需要在样式表中加上如下代码即可。

body{background-color:#CCC;}

小提示

背景颜色配置对网页的表现效果起到很重要的作用，如果一篇较长的文章使用白色背景，长时间的关注会引起眼睛疲劳，而使用深色背景可以避免这种情况发生。

10.2 实例2——设置背景图像

 本节视频教学时间：5分钟

在CSS中，不仅可以给网页设置简单的颜色背景，而且可以使用background-image给网页设置丰富多彩的背景图片。通过CSS 3属性可以对背景图片进行精确定位。background-image属性用于设定标记的背景图片，通常情况下，在标记<body>中将图片用于整个主体。

background-image语法格式如下。

background-image : none | url (url)

其默认属性是无背景图，当需要使用背景图时可以用url进行导入，url可以使用绝对路径，也可以使用相对路径。

可以为上节例子中的文字加上一个背景图片，代码如下（源文件参见随书光盘中的"源文件\ch10\10-2.html"）。

```
<!DOCTYPE html PUBLIC "-//W3C//DTD XHTML 1.0 Transitional//EN" "http://www.w3.org/TR/xhtml1/
DTD/xhtml1-transitional.dtd">
<html xmlns="http://www.w3.org/1999/xhtml">
<head>
<meta http-equiv="Content-Type" content="text/html; charset=utf-8" />
<title>设置背景图像实例</title>
<style type="text/css">
<!--
h1{font-family:黑体;
   background-color:green;
   color:red;}
p{font-family: Arial, "Times New Roman";
background-color:#CCC;
background-image:url("bg.jpg");
}
-->
</style>
</head>
<body>
<h1>Oracle数据库</h1>
<p>Oracle数据库11g继续实现创新，它通过以下方式帮助降低成本并提供更高质量的服务,将企业应用数
据库集群并整合到快速、可靠和可扩展的私有云中。
</p>
</body>
</html>
```

运行结果如下图所示。

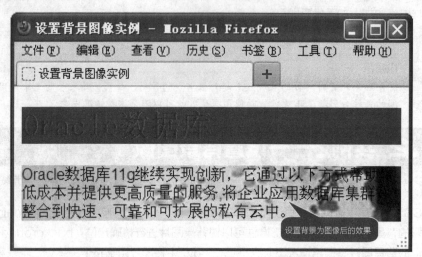

设置背景为图像后的效果

小提示

在本例中可以看到对p标签的文字施加了背景颜色和背景图片两个属性，这时只有背景图片生效。

10.3 实例3——设置背景图像平铺

本节视频教学时间：7分钟

在上例中，我们的文字比较短，只需要不大的一个图片尺寸就可以让整段文字加上背景了。设想如果一段超长的文字，是不是就意味着需要给它做一个超大尺寸的背景图片呢？CSS研发者考虑到了这一点，通过使用background-repeat属性对图形进行平铺，自动适应页面的大小。background-repeat有如下属性值。

属性值	含义
repeat-x	背景图像在横向上平铺
repeat-y	背景图像在纵向上平铺
repeat	背景图像在横向和纵向平铺
no-repeat	背景图像不平铺
round	背景图像自动缩放直到适应且填充满整个容器
space	背景图像以相同的间距平铺且填充满整个容器或某个方向

在10.2节代码p标记选择器样式中加入如下代码（源文件参见随书光盘中的"源文件\ch10\10-3.html"）。

```
background-repeat:repeat-x;                    /*设置背景平铺方向*/
```

运行结果如下图所示。

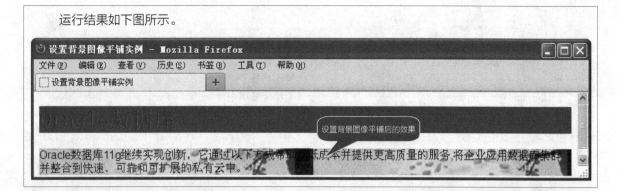

10.4 实例4——设置背景图像位置

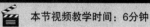

本节视频教学时间：6分钟

在实际网页制作中，还会遇到这样一种情况，就是有一段文字，有一个小图，而又不想让小图进行平铺，就好比要给文字加个水印一样，这种情况怎么处理呢？CSS提供了解决这种问题的属性background-position，属性值列表如下。

属性值	含义
<percentage>	用百分比指定背景图像填充的位置，可以为负值
<length>	用长度值指定背景图像填充的位置，可以为负值
center	背景图像横向和纵向居中
left	背景图像在横向上填充从左边开始
right	背景图像在横向上填充从右边开始
top	背景图像在纵向上填充从顶部开始
bottom	背景图像在纵向上填充从底部开始

实例代码如下（源文件参见随书光盘中的"源文件\ch10\10-4.html"）。

```
<!DOCTYPE html PUBLIC "-//W3C//DTD XHTML 1.0 Transitional//EN" "http://www.w3.org/TR/xhtml1/
DTD/xhtml1-transitional.dtd">
<html xmlns="http://www.w3.org/1999/xhtml">
<head>
<meta http-equiv="Content-Type" content="text/html; charset=utf-8" />
<title>设置背景图像位置实例</title>
<style type="text/css">
<!--
h1{font-family:黑体;
  background-color:green;
```

```
        color:red;}
    p{font-family: Arial, "Times New Roman";         /*设置字体族*/
    background-image:url("bg1.jpg");                 /*设置背景图片*/
    background-repeat:no-repeat;                     /*禁止背景平铺*/
    background-position:center ;                     /*设置背景居中*/
    }
    -->
    </style>
    </head>
    <body>
    <h1>Oracle数据库</h1>
    <p>Oracle数据库11g继续实现创新，它通过以下方式帮助降低成本并提供更高质量的服务,将企业应用数
据库集群并整合到快速、可靠和可扩展的私有云中。Oracle数据库11g继续实现创新，它通过以下方式帮助降
低成本并提供更高质量的服务,将企业应用数据库集群并整合到快速、可靠和可扩展的私有云中。Oracle数据
库11g继续实现创新，它通过以下方式帮助降低成本并提供更高质量的服务,将企业应用数据库集群并整合到
快速、可靠和可扩展的私有云中。
    </p>
    </body>
    </html>
```

运行结果如下图所示。

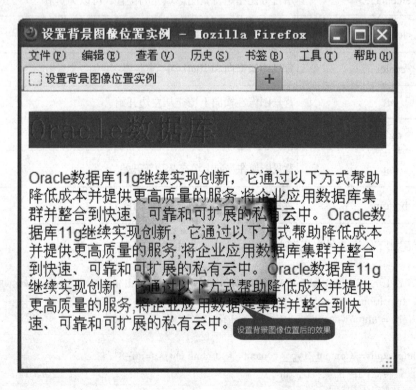

小提示

为了防止图片背景自动平铺，需要使用 background-repeat:no-repeat。在实例中设置图片位置居
中，当然还可以设置图片位置居左、居右，只需要修改样式的属性值为 left 或 right 即可。

10.5 实例5——设置背景图片位置固定

本节视频教学时间：6分钟

在浏览器中随着滚动条的移动，背景图片有时候也会跟着一起移动。可以使用background-attachment属性，把背景图像设置成不随滚动条滚动的固定不变的效果。属性值列表如下。

属性值	含义
fixed	背景图像相对于窗体固定
scroll	背景图像相对于元素固定，也就是说当元素内容滚动时背景图像不会跟着滚动，因为背景图像总是要跟着元素本身，但会随元素的祖先元素或窗体一起滚动
local	背景图像相对于元素内容固定，也就是说当元素内容滚动时背景图像也会跟着滚动，因为背景图像总是要跟着内容

只需要把background-attachment的属性值设为fixed就行了，这里不再详述。

10.6 实例6——设置标题的图像替换

本节视频教学时间：5分钟

在以上的例子中，标题始终是以文字形式存在的，由于字体环境的限制，使用文字标题只能选择那些大多数计算机环境都存在的字体，这样大大限制了标题的丰富性，通过标题的图像替换可以很好地解决这个问题。

实例代码如下。

```
<!DOCTYPE html PUBLIC "-//W3C//DTD XHTML 1.0 Transitional//EN" "http://www.w3.org/TR/xhtml1/DTD/xhtml1-transitional.dtd">
<html xmlns="http://www.w3.org/1999/xhtml">
<head>
<meta http-equiv="Content-Type" content="text/html; charset=utf-8" />
<title>设置标题的图像替换实例</title>
<style type="text/css">
<!--
body{
    background-color:#D2D2D2            /*设置页面背景*/
}
h1{ height:40px;                       /*设置高度*/
    background-image:url(title.jpg);   /*设置h1背景*/
    background-repeat:no-repeat;       /*禁止背景平铺*/
    background-position:center;        /*设置背景居中*/
}
```

```
p{font-family: Arial, "Times New Roman";          /*设置字体*/
    background-image:url(bg.jpg);                  /*设置背景图*/
    background-repeat:repeat-x;                    /*设置水平平铺*/
}
span{
    display:none;                                  /*设置隐藏*/
}
-->
</style>
</head>
<body>
<h1><span>Oracle数据库</span></h1>
<p>Oracle数据库11g继续实现创新，它通过以下方式帮助降低成本并提供更高质量的服务,将企业应用数
据库集群并整合到快速、可靠和可扩展的私有云中。Oracle数据库11g继续实现创新，它通过以下方式帮助降
低成本并提供更高质量的服务,将企业应用数据库集群并整合到快速、可靠和可扩展的私有云中。Oracle数据
库11g继续实现创新，它通过以下方式帮助降低成本并提供更高质量的服务,将企业应用数据库集群并整合到
快速、可靠和可扩展的私有云中。
</p>
</body>
</html>
```

在代码中，为标题文字增加了一个span标签，与h1标签构成父子关系，为h1设置标题图片背景，把标题文字放在span标签之中，并设置span选择器显示属性为不显示。这样，位于span标签中的文字标题在网页中将不再显示，运行结果如下图所示。

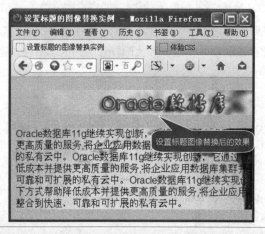

10.7 实例7——使用滑动门技术的标题

本节视频教学时间：8分钟

灵活设置图片背景，能产生意想不到的效果，滑动门技术就是灵活运用背景的一个典型示例。滑动门是指两个嵌套的元素，各自使用一个背景图像，二者中间部分重叠，两端不重叠，这样，左右两端的背景就可以都被显示出来，中间部分的宽度可以自动适应，因此宽度变化时，依然可以保证左右两端的图案不变。"滑动门"这个名称很形象地描述了这种方法的本质，两个图像就像两扇门，二者可以滑动，当宽度小的时候，就多重叠一些，宽度大的时候，就少重叠一些。

这里，只需要对10.6节中的样式代码做一下修改，就能看到滑动门的效果，修改过的样式如下（源文件参见随书光盘中的"源文件\ch10\10-7.html"）。

```css
<style type="text/css">
<!--
body{
    background-color:#D2D2D2              /*设置页面背景*/
}
h1{ font-size:18px;                       /*设置字号大小*/
    text-align:center;                    /*设置文字居中*/
    width:200px;                          /*修改这个值即可改变宽度，且保持两端的花纹*/
    background:url(hdm.gif) no-repeat;
    padding-left:40px;
}
p{font-family: Arial, "Times New Roman";
    background-image:url(bg.jpg);
    background-repeat:repeat-x;
}
span{
    display:block;                        /*设置span块元素化*/
    padding-right:40px;
    background:url(hdm.gif) no-repeat right;  /*设置背景不平铺居右*/
}
-->
</style>
```

在代码中给h1标签和span标签都设置了同样的背景，这时h1的宽度为200px，运行结果如下图所示。

接着更改标题样式，增加h1的宽度为width:300px，运行结果如下图所示。

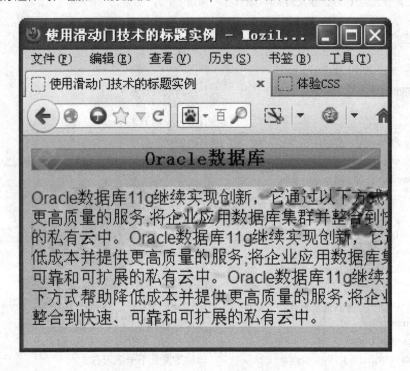

举一反三

在10.7节中，给span设置一个display:block属性，这样span标签的height就能生效。我们知道span是一个行元素，那么是不是所有行元素都具有这样的性质呢？答案是肯定的，比如a元素，也只有使用display:block属性，长宽相关CSS属性才生效。

 # 高手私房菜

技巧：设置背景图片位置的方法

一张背景图片经过上面的设置后往往还不够，因为当使用上面的不重复显示设置后，图片只显示在页面的左上角，而不会在其他地方。如果要在中间或者其他地方显示这张背景图片，可以使用background-position属性，它用来设置图片相对于左上角的一个位置。它由两个值来设定，中间用空格隔开(默认值0% 0%)。它的主要的几个值有left|center|right和top|center|bottom，也可以用百分数指定相对位置或用一个值来指定绝对位置，如50%表示的位置是在中心，而50px的水平值则表示图片距左上角水平移动50px。这里要特别注意以下两点。

(1) 当设置值的时候只提供一个值，则相当于只指定水平位置，垂直自动设置为50%;

(2) 当设置的值是负数的时候，则表示背景图片超出边界。

第11章

图像效果

 本章视频教学时间：1 小时 7 分钟

图像是网页中不可缺少的内容，它能使页面内容更加丰富多彩，能让人更直观地感受到页面所要传递出的信息。本章详细介绍CSS设置图片风格样式的方法，并结合实例综合讲解文字和图片的各种运用。

【学习目标】

通过本章的学习，掌握设置图像效果的方法。

【本章涉及知识点】

设置图片边框的方法

图片缩放的方法

图文混排的方法

图片与文字的对齐方式

11.1 实例1——设置图片边框

本节视频教学时间：9分钟

在HTML中，使用border添加图片的边框，属性值为边框的粗细，这种方法存在很大的限制，比如不能更换边框的颜色或者改变边框的线型。CSS在控制图片边框方面有很大变化。

11.1.1 基本属性

在CSS中使用border属性设置边框的样式，如实线、点画线，丰富了边框的表现形式。border具有3个子属性，分别如下。

border-width：设置边框的粗细；

border-color：设置边框的颜色；

border-style：设置边框的线型。

实例如下（源文件参见随书光盘中的"源文件\ch11\11-1.html"）。

```html
<!DOCTYPE html PUBLIC "-//W3C//DTD XHTML 1.0 Transitional//EN" "http://www.w3.org/TR/xhtml1/DTD/xhtml1-transitional.dtd">
<html xmlns="http://www.w3.org/1999/xhtml">
<head>
<meta http-equiv="Content-Type" content="text/html; charset=utf-8" />
<title>设置图片边框实例</title>
<style type="text/css">
.b1{
   border-style:dotted;          /* 点画线 */
   border-color:#996600;         /* 边框颜色 */
   border-width:4px;             /* 边框粗细 */
}
.b2{
   border-style:dashed;          /* 虚线 */
   border-color:blue;            /* 边框颜色 */
   border-width:2px;             /* 边框粗细 */
}
</style>
</head>
<body>
<img src="xt.jpg" class="b1"><img src="xt.jpg" class="b2">
</body>
</html>
```

在代码中设置了两种边框样式，运行结果如下图所示。

"#996600"颜色，"4px"粗细，点画线样式

"blue"颜色，"2px"粗细，虚线样式

11.1.2 为不同的边框分别设置样式

在CSS中还可以为4条图像边框设置不同的样式。这时，就需要分别设置上边框（border-top）、右边框（border-right）、下边框（border-bottom）、左边框（border-left）的样式。

实例代码如下（源文件参见随书光盘中的"源文件\ch11\11-2.html"）。

```
<!DOCTYPE html PUBLIC "-//W3C//DTD XHTML 1.0 Transitional//EN" "http://www.w3.org/TR/xhtml1/
DTD/xhtml1-transitional.dtd">
<html xmlns="http://www.w3.org/1999/xhtml">
<head>
<meta http-equiv="Content-Type" content="text/html; charset=utf-8" />
<title>为不同边设置边框实例</title>
<style type="text/css">
img{
    border-left-style:dotted;              /* 左点画线 */
    border-left-color:#FF9900;             /* 左边框颜色 */
    border-left-width:3px;                 /* 左边框粗细 */
    border-right-style:dashed;
    border-right-color:#33CC33;
    border-right-width:2px;
    border-top-style:solid;                /* 上实线 */
    border-top-color:#CC44FF;              /* 上边框颜色 */
    border-top-width:2px;                  /* 上边框粗细 */
    border-bottom-style:groove;
    border-bottom-color:#66CC66;
    border-bottom-width:3px;
}
</style>
</head>
<body>
<img src="xt.jpg" >
</body>
</html>
```

运行结果如下图所示。

为不同边框分别设置样式后的效果

到这里我们是不是觉得好像有点熟悉，是不是跟盒子模型中的边框属性一样呢？是的，图片边框是一个特殊的边框表现，它具有盒子模型边框设置的所有规则。比如一样可以进行缩写。

原样式代码：

border-style:dashed;

border-width:2px;

border-color:red;

可以缩写成：

Border:2 px red dashed;

11.2 实例2——图片缩放

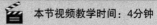
本节视频教学时间：4分钟

在第6章，了解到设置对象的宽和高，可以通过设置width和height两个属性来实现。在实际使用中常常通过变化宽或高的值进行图片的缩放。

实例代码如下（源文件参见随书光盘中的"源文件\ch11\11-3.html"）。

```
<!DOCTYPE html PUBLIC "-//W3C//DTD XHTML 1.0 Transitional//EN" "http://www.w3.org/TR/xhtml1/
DTD/xhtml1-transitional.dtd">
<html xmlns="http://www.w3.org/1999/xhtml">
<head>
<meta http-equiv="Content-Type" content="text/html; charset=utf-8" />
<title>设置图片缩放实例</title>
<style type="text/css">
div{float:left;
    margin-right:10px;
}
.b1{
    border-style:dotted;          /* 点画线 */
    border-color:#996600;         /* 边框颜色 */
    border-width:4px;             /* 边框粗细 */
}
.b2{
    border-style:dotted;          /* 点画线 */
    border-color:#996600;         /* 边框颜色 */
    border-width:4px;             /* 边框粗细 */
    width:50%;                    /* 缩放比例 */
}
</style>
</head>
<body>
<div>
<p>原图：</p>
<p><img src="xt.jpg" class="b1"></p></div>
<div>
<p>缩放后：</p>
<p><img src="xt.jpg" class="b2"></p></div>
</body>
</html>
```

在代码中设置了两个div，用来存放缩放前和缩放后的图片，并设置缩放后的width为50%，运行结果如下图所示。

小提示

当仅仅设置了图片的 width、height 两个属性中的一个时，图片本身会自动等比缩放，如果同时设置了图片的 width 和 height 就不会产生这种效果。

11.3 实例3——图文混排

本节视频教学时间：10分钟

Word中文字与图片有很多排版布局方式，在网页中同样可以通过CSS设置各种图文混排效果。

11.3.1 文字环绕

文字环绕图片是网页排版中应用非常广泛的一种排版方式，在CSS中通过float属性实现文字环绕效果。

实例如下（源文件参见随书光盘中的"源文件\ch11\11-4.html"）。

```
<!DOCTYPE html PUBLIC "-//W3C//DTD XHTML 1.0 Transitional//EN" "http://www.w3.org/TR/xhtml1/
DTD/xhtml1-transitional.dtd">
<html xmlns="http://www.w3.org/1999/xhtml">
<head>
<meta http-equiv="Content-Type" content="text/html; charset=utf-8" />
<title>设置文字环绕实例</title>
<style type="text/css">
img{
    float:left;                          /* 文字环绕图片 */
}
p{
    color:#000000;                       /* 文字颜色 */
}
span{
```

```
        float:left;
        font-size:60px;                    /* 首字放大 */
        font-family:黑体;
    }
    </style>
    </head>
    <body>
    <img src="xt.jpg" border="0">
    <p><span>兔子</span>是哺乳类兔形目、草食性脊椎动物、哺乳动物。头部稍微像鼠，耳朵根据品种不
同有大有小，上唇中间分裂，是典型的三瓣嘴，非常可爱。兔子性格温顺，惹人喜爱，是很受欢迎的动物。
尾短而且向上翘，前肢比后肢短，善于跳跃，跑得很快。宠物兔喜欢黏人，野兔怕人。颜色一般为白、灰、
枯草色、棕红色、黑和花色。</p>
    </body>
    </html>
```

在代码中，设置了一张图片和一段文字，并把前两个文字放到span中单独加大，运行结果如左下
图所示。如果把图片的float属性设为right，图片将会移动到页面的右边，运行结果如右下图所示。

可以真切地观察到，通过CSS进行排版布局，灵活性非常大。

11.3.2 设置图片与文字的间距

在上例中，文字紧密地环绕在图片周围，这样的表现形式很不美观，怎么能让图片本身和文字有
一定的距离呢？前边介绍过，img是一个特殊的盒子对象，所以它还具有margin和padding属性，通
过设置img的margin或者padding属性可以调整图片和文字的距离。

实例代码如下（源文件参见随书光盘中的"源文件\ch11\11-5.html"）。

```
<!DOCTYPE html PUBLIC "-//W3C//DTD XHTML 1.0 Transitional//EN" "http://www.w3.org/TR/xhtml1/
DTD/xhtml1-transitional.dtd">
<html xmlns="http://www.w3.org/1999/xhtml">
<head>
<meta http-equiv="Content-Type" content="text/html; charset=utf-8" />
<title>设置图片与文字的间距实例</title>
<style type="text/css">
body{
    background-color:#EAECDF;              /* 页面背景颜色 */
    margin:0px;
    padding:0px;
```

```
    }
    img{
        float:left;                                    /* 文字环绕图片 */
        margin:10px 40px 10px;
    }
    p{
        color:#000000;                                 /* 文字颜色 */
        padding-top:10px;
        padding-left:15px;
    }
    span{
        float:left;
        font-size:60px;                                /* 首字放大 */
        font-family:黑体;
        margin:0px;
        padding-right:10px;
    }
    </style>
    </head>
    <body>
    <img src="xt.jpg" border="0">
    <p><span>兔子</span>是哺乳类兔形目、草食性脊椎动物、哺乳动物。头部稍微像鼠，耳朵根据品种不
同有大有小，上唇中间分裂，是典型的三瓣嘴，非常可爱。兔子性格温顺，惹人喜爱，是很受欢迎的动物。
尾短而且向上翘，前肢比后肢短，善于跳跃，跑得很快。宠物兔喜欢黏人，野兔怕人。颜色一般为白、灰、
枯草色、棕红色、黑和花色。</p>
    </body>
    </html>
```

运行结果如下图所示。

11.4 实例4——八大行星科普网页

本节视频教学时间：36分钟

图文混排是网页设计中的一个难点，下面通过制作八大行星科普网页实例进一步讲解图文混排，
深入体会在实际制作中灵活运用的思想，效果如下图所示。

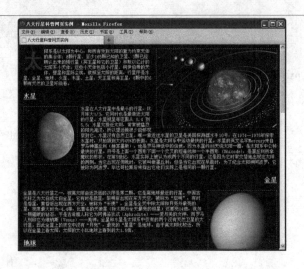

1. 制作基本页面

首先选取一些相关的图片和文字介绍，将总体的描述和图片放到页面上，代码如下。

```
<!DOCTYPE html PUBLIC "-//W3C//DTD XHTML 1.0 Transitional//EN" "http://www.w3.org/TR/xhtml1/
DTD/xhtml1-transitional.dtd">
<html xmlns="http://www.w3.org/1999/xhtml">
<head>
<meta http-equiv="Content-Type" content="text/html; charset=utf-8" />
<title>八大行星科普网页实例</title>
</head>
<body>
    <img src="baall.jpg" class="pic2">
    <p><span class="first">太</span>阳系是以太阳为中心，和所有受到太阳的重力约束天体的集合体：
8颗行星、至少165颗已知的卫星、3颗已经辨认出来的矮行星（冥王星和它的卫星）和数以亿计的太阳系小
天体。这些小天体包括小行星、柯伊伯带的天体、彗星和星际尘埃。依照至太阳的距离，行星序是水星、金
星、地球、火星、木星、土星、天王星和海王星，8颗中的6颗有天然的卫星环绕着。</p>
    <p class="title1">水星</p>
    <img src="ba1.jpg" class="pic1">
    <p class="content">水星在八大行星中是最小的行星，比月球大1/3，它同时也是最靠近太阳的行星。
水星视星等范围从 0.4 到 5.5；水星太接近太阳，常常被猛烈的阳光淹没，所以望远镜很少能够观察到它。
水星没有自然卫星。唯一靠近过水星的卫星是美国探测器水手10号，在1974—1975年探索水星时，只拍摄
到大约45%的表面。水星是太阳系中运动最快的行星。水星的英文名字Mercury来自罗马神墨丘利（赫耳墨
斯）。他是罗马神话中的信使。因为水星约88天绕太阳一圈，是太阳系中公转最快的行星。符号是上面一个
圆形下面一个交叉的短垂线和一个半圆形 (Unicode)，是墨丘利所拿魔杖的形状。在前5世纪，水星实际上被
认为成两个不同的行星，这是因为它时常交替地出现在太阳的两侧。当它出现在傍晚时，它被叫做墨丘利；
但是当它出现在早晨时，为了纪念太阳神阿波罗，它被称为阿波罗。毕达哥拉斯后来指出它们实际上是相同
的一颗行星。</p>
    <p class="title2">金星</p>
    <img src="ba2.jpg" class="pic2">
    <p class="content">金星是八大行星之一，按离太阳由近及远的次序是第二颗。它是离地球最近的行
星。中国古代称之为太白或太白金星。它有时是晨星，黎明前出现在东方天空，被称为"启明"；有时是昏
星，黄昏后出现在西方天空，被称为"长庚"。金星是全天中除太阳和月亮外最亮的星，亮度最大时为-4.4
等，比著名的天狼星（除太阳外全天最亮的恒星）还要亮14倍，犹如一颗耀眼的钻石，于是古希腊人称它为
阿佛洛狄忒（Aphrodite）——爱与美的女神，而罗马人则称它为维纳斯（Venus）——美神。金星和水星是
```

太阳系中仅有的两个没有天然卫星的大行星。因此金星上的夜空中没有"月亮"，最亮的"星星"是地球。由于离太阳比较近，所以在金星上看太阳，太阳的大小比地球上看到的大1.5倍。</p>

    <p class="title1">地球</p>

    <img src="ba3.jpg" class="pic1">

    <p class="content">地球（英语：Earth）是太阳系八大行星之一，按离太阳由近及远的次序排为第三颗。它有一个天然卫星——月球，二者组成一个天体系统——地月系统。地球作为一个行星，远在46亿年以前起源于原始太阳星云。地球会与外层空间的其他天体相互作用，包括太阳和月球。地球是上百万生物的家园，包括人类，地球是目前宇宙中已知存在生命的唯一天体。地球赤道半径6,378.137KM，平均赤道半径约6371KM，极半径6,356.752KM，赤道周长40075.7KM，地球上71%为海洋，29%为陆地，所以太空上看地球呈蓝色。地球是目前发现的星球中人类生存的唯一星球。</p>

    <p class="title2">火星</p>

    <img src="ba4.jpg" class="pic2">

    <p class="content">火星（Mars）是八大行星之一，符号是♂。因为它在夜空中看起来是血红色的，所以在西方，以希腊神话中的阿瑞斯（或罗马神话中对应的战神玛尔斯）命名它。在古代中国，因为它荧荧如火，故称"荧惑"。火星有两颗小型天然卫星：火卫一Phobos和火卫二Deimos(阿瑞斯儿子们的名字)。两颗卫星都很小而且形状奇特，可能是被引力捕获的小行星。英文里前缀areo-指的就是火星。</p>

    <p class="title1">木星</p>

    <img src="ba5.jpg" class="pic1">

    <p class="content">木星古称岁星，是离太阳远近的第五颗行星，而且是八大行星中最大的一颗，比所有其他行星的合质量大2倍（地球的318倍）。木星绕太阳公转的周期为4332.589天，约合11.86年。木星是天空中第四亮的物体（次于太阳、月球和金星；有时候火星更亮一些），早在史前木星就已被人类所知晓。根据伽利略1610年对木星4颗卫星——木卫一、木卫二、木卫三和木卫四（现常被称作伽利略卫星）的观察，它们是不以地球为中心运转的第一个发现，也是赞同哥白尼的日心说的有关行星运动的主要依据。</p>

    <p class="title2">土星</p>

    <img src="ba6.jpg" class="pic2">

    <p class="content">土星古称镇星或填星,因为土星公转周期大约为29.5年,我国古代有28宿，土星几乎是每年在一个宿中，有镇住或填满该宿的意味，所以称为镇星或填星，直径119 300千米（为地球的9.5倍），是太阳系第二大行星。它与邻居木星十分相像，表面也是液态氢和氦的海洋，上方同样覆盖着厚厚的云层。土星上狂风肆虐，沿东西方向的风速可超过每小时1600千米。土星上空的云层就是这些狂风造成的，云层中含有大量的结晶氨。轨道距太阳142 940万千米，公转周期为10 759.5天，相当于29.5个地球年，视星等为0.67等。在太阳系的行星中，土星的光环最惹人注目，它使土星看上去就像戴着一顶漂亮的大草帽。观测表明构成光环的物质是碎冰块、岩石块、尘埃、颗粒等，它们排列成一系列的圆圈，绕着土星旋转。</p>

    <p class="title1">天王星</p>

    <img src="ba7.jpg" class="pic1" />

    <p class="content">天王星是太阳系中离太阳第七远的行星，从直径来看，是太阳系中第三大行星。天王星的体积比海王星大，质量却比其小。天王星是由威廉·赫歇耳通过望远镜系统地搜寻，在1781年3月13日发现的，它是现代发现的第一颗行星。事实上，它曾经被观测到许多次，只不过当时被误认为是另一颗恒星（早在1690年John Flamsteed便已观测到它的存在，但当时却把它编为34 Tauri）。赫歇耳把它命名为"the Georgium Sidus（天竺葵）"（乔治亚行星）来纪念他的资助者，那个对美国人而言名声不太好的英国国王：乔治三世；其他人却称天王星为"赫歇耳"。由于其他行星的名字都取自希腊神话，因此为保持一致，由波德首先提出把它称为"乌拉诺斯(Uranus)"（天王星），但直到1850年才开始广泛使用。</p>

    <p class="title2">海王星</p>

    <img src="ba8.jpg" class="pic2">

    <p class="content">海王星（Neptune）是环绕太阳运行的第八颗行星，也是太阳系中第四大天体（直径上）。海王星在直径上小于天王星，但质量比它大。在天王星被发现后，人们注意到它的轨道与根据牛顿理论所推知的并不一致。因此科学家们预测存在着另一颗遥远的行星从而影响了天王星的轨道。Galle和d'Arrest在1846年9月23日首次观察到海王星，它出现的地点非常靠近亚当斯和勒威耶根据所观察到的木星、土星和天王星的位置经过计算独立预测出的地点。一场关于谁先发现海王星和谁享有对此命名的权利的国际性争论产生于英国与法国之间，然而，亚当斯和勒威耶个人之间并未有明显的争论；现在将海王星的发现共同归功于他们两人。后来的观察显示亚当斯和勒威耶计算出的轨道与海王星真实的轨道偏差相当大。如果对海王星的搜寻早几年或晚几年进行的话，人们将无法在他们预测的位置或其附近找到它。</p>
　　　　</body>
　　　　</html>

　　运行结果如下图所示。

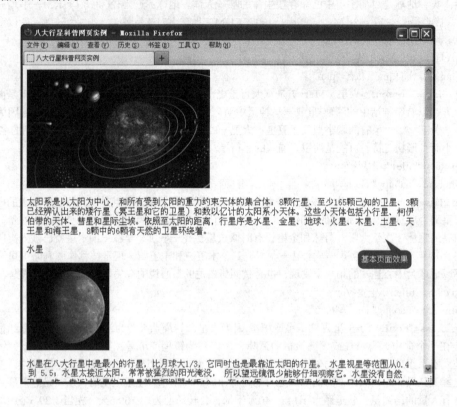

2. 设置基本样式

　　设置页面总体背景、段落文字效果和图片基本样式，代码如下。

```
<style type="text/css">
<!--
body{
    background-color:black;              /* 页面背景色 */
}
p{
    font-size:13px;                      /* 段落文字大小 */
    color:white;
}
img{
    border:1px #999 dashed;              /* 图片边框 */
}
-->
</style>
```

运行结果如下图所示。

设置样式后的效果

3. 设置文字效果

设置左右标题效果和正文行间距，并添加一个span标签用于使文头首字变大，增加的样式代码如下。

```
p.title1{                                    /* 左侧标题 */
    text-decoration:underline;               /* 下画线 */
    font-size:18px;
    font-weight:bold;                        /* 粗体*/
    text-align:left;                         /* 左对齐 */
}
p.title2{                                    /* 右侧标题 */
    text-decoration:underline;
    font-size:18px;
    font-weight:bold;
    text-align:right;
}
p.content{                                   /* 正文内容 */
    line-height:1.2em;                       /* 正文行间距 */
    margin:0px;
}
span.first{                                  /* 首字放大 */
    font-size:60px;
    font-family:黑体;
    float:left;
    font-weight:bold;
    color:red;                               /* 首字颜色 */
}
```

运行结果如下图所示。

设置文字样式后的效果

4. 控制图片的位置

增加样式代码如下。

```
img.pic1{
    float:left;                              /* 左侧图片混排 */
    margin-right:10px;                       /* 图片右端与文字的距离 */
    margin-bottom:5px;
}
img.pic2{
    float:right;                             /* 右侧图片混排 */
    margin-left:10px;                        /* 图片左端与文字的距离 */
    margin-bottom:5px;
}
```

运行结果如下图所示。

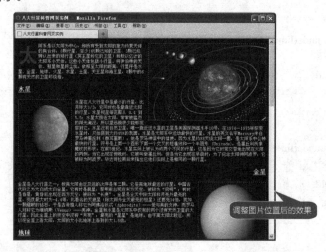

调整图片位置后的效果

至此，图文混排效果实现。本例主要通过图文混排的技巧，合理地将文字和图片融为一体，并归纳总结这种排版方式的一般步骤。

11.5 实例5——设置图片与文字的对齐方式

🎬 本节视频教学时间：8分钟

当图片与文字同时出现在页面上的时候，图片的对齐方式就显得很重要。如何能够合理地将图片对齐到理想的位置，成为页面是否整体协调统一的重要因素。

11.5.1 横向对齐方式

在前边的章节中，我们学习了文本的水平对齐方式，图片的对齐方式基本与此相同，不同的是图片对齐方式不能直接通过设置图片的text-align属性，而是通过设置其父元素的text-align属性来实现。

实例代码如下（源文件参见随书光盘中的"源文件\ch11\11-10.html"）。

```
<html>
<head>
<title>横向对齐示例</title>
</head>
```

```
<body>
    <p style="text-align:left;"><img src="cup.gif"></p>
    <p style="text-align:center;"><img src="cup.gif"></p>
    <p style="text-align:right;"><img src="cup.gif"></p>
</body>
</html>
```

运行结果如下图所示。

11.5.2 纵向对齐方式

图片竖直方向对齐与文本竖直方向对齐也是相似的，而且是用到本身的属性。实例代码如下。

```
<!DOCTYPE html PUBLIC "-//W3C//DTD XHTML 1.0 Transitional//EN" "http://www.w3.org/TR/xhtml1/
DTD/xhtml1-transitional.dtd">
<html xmlns="http://www.w3.org/1999/xhtml">
<head>
<meta http-equiv="Content-Type" content="text/html; charset=utf-8" />
<title>纵向对齐示例</title>
<style type="text/css">
p{ font-size:15px;
border:1px red solid;}
img{ width:50px;
   border: 1px solid #000055; }
</style>
</head>
<body>
    <p>竖直对齐<img src="xt.jpg" style="vertical-align:baseline;">方式:baseline<img src="xg.jpg"
style="vertical-align:baseline;">方式</p>
    <p>竖直对齐<img src="xt.jpg" style="vertical-align:top;">方式:top<img src="xg.jpg" style="vertical-
align:top;">方式</p>
    <p>竖直对齐<img src="xt.jpg" style="vertical-align:middle;">方式:middle<img src="xg.jpg"
```

```
style="vertical-align:middle;">方式</p>
    <p>竖直对齐<img src="xt.jpg" style="vertical-align:bottom;">方式:bottom<img src="xg.jpg"
style="vertical-align:bottom;">方式</p>
    <p>竖直对齐<img src="xt.jpg" style="vertical-align:text-bottom;">方式:text-bottom<img src="xg.jpg"
style="vertical-align:text-bottom;">方式</p>
    <p>竖直对齐<img src="xt.jpg" style="vertical-align:text-top;">方式:text-top<img src="xg.jpg"
style="vertical-align:text-top;">方式</p>
    <p>竖直对齐<img src="xt.jpg" style="vertical-align:sub;">方式:sub<img src="xg.jpg" style="vertical-
align:sub;">方式</p>
    <p>竖直对齐<img src="xt.jpg" style="vertical-align:super;">方式:super<img src="xg.jpg" style="vertical-
align:super;">方式</p>
</body>
</html>
```

运行结果如下图所示。

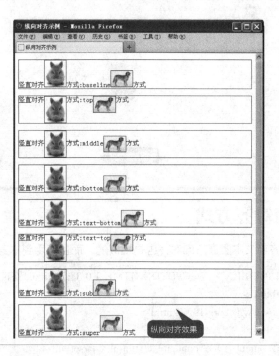

高手私房菜

技巧1：链接之后图片多了边框怎么处理？

这种情况可以把img{ padding:0; border:0;} 加入到CSS即可消除边框。

技巧2：图片超出撑破DIV

使用CSS控制对象img标签宽度即可，假如该对象设置宽度为500px，那我们就只需设置img{max-width:500px;}。但是在IE6中max-width是失效的，最好的解决办法是在上传图片的时候更改图片宽度，让图片本身宽度小于该地方设置宽度即可。这样感觉很麻烦，但是很多大的网站都是这样解决，这也是最保险的做法，一可以避免撑破设置宽度，二可以降低图片大小让浏览器更快打开网页。

第 12 章

网页表格

 本章视频教学时间：1 小时 4 分钟

表格是页面最常见的元素，虽然说技术越来越倾向于DIV+CSS模式，网页已不常用表格进行布局，但是表格仍然在网页设计中占有一席之地。本章介绍传统表格怎么与CSS结合，焕发出新的生命力。

【学习目标】

通过本章的学习，了解 CSS 3 样式是怎么控制表格的。

【本章涉及知识点】

表格的基本结构

控制表格的方法

表格的操作

设置鼠标指针经过时整行变色的方法

制作报表的一般步骤

12.1 实例1——创建表格

本节视频教学时间：5分钟

表格作为传统网页设计元素，主要的优势在于表格框架简单明了，比较容易控制。首先要会创建一个基本表格。这里借助Dreamweaver CS6进行创建，步骤如下。

1. 新建实例文件

1 选择【新建】命令	2 单击【创建】按钮
打开Dreamweaver CS6，选择【文件】▶【新建】菜单命令。	弹出【新建文档】对话框，单击【创建】按钮。

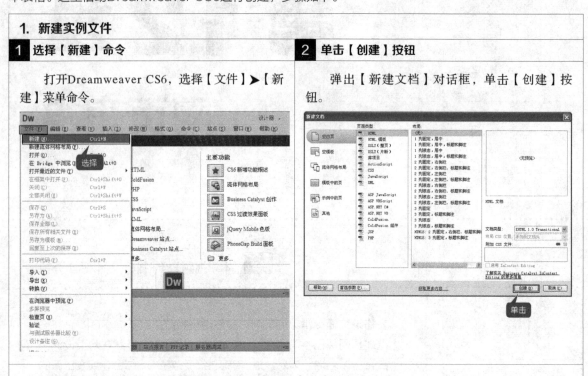

将会新建一个文件，如下图所示。选择【文件】▶【保存】命令，在打开的【另存为】对话框中选择文件保存的位置，并将其命名为"12-1.html"，单击【保存】按钮即可。

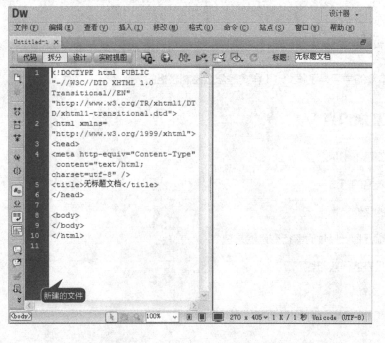

2. 插入表格

新建文件之后就可在文件中插入表格。

1 设置表格大小

选择【插入】▶【表格】菜单命令，打开【表格】对话框，在【表格大小】选项组中的【行】文本框中输入"3"，在【列】文本框中输入"3"。

2 完成表格创建

单击【确定】按钮，即可完成表格的创建。

12.2 实例2——控制表格

本节视频教学时间：20分钟

控制表格就是在表格中进行标记、设置表格的边框、确定表格的宽度以及设置其他与表格相关的标记等。

12.2.1 表格中的标记

可以在表格中输入标记的内容。

在12.1节实例中，生成如下表格代码。

```
<table width="200" border="1">        /*定义一个3行3列表格*/
<tr>                                   /*定义一行3列表格*/
<td> </td>                        /*定义一个空列*/
<td> </td>
<td> </td>
</tr>
<tr>
<td> </td>
<td> </td>
<td> </td>
</tr>
<tr>
<td> </td>
<td> </td>
<td> </td>
</tr>
</table>
```

可以看到在表格中有3个标记,它们是<table>、<tr>、<td>。它们是表格中最基本的也是最常用的3个标记,其中<table>用于定义整个表格,<tr>定义一行,<td>定义一个单元格。此外还有两个标记应用比较广泛,它们是用来设置表格标题的<caption>和设置表头的<th>。

实例如下(源文件参见随书光盘中的"源文件\ch12\12-2.html")。

```
<table width="200" border="1">
<caption>成绩表</caption>          /*添加标题*/
<tr>                            /*设置表头*/
<th>姓名</th>
<th>数学</th>
<th>语文</th>
</tr>
<tr>                            /*设置内容*/
<td>陈旭</td>
<td>90</td>
<td>95</td>
</tr>
<tr>                            /*设置内容*/
<td>陈冰</td>
<td>89</td>
<td>92</td>
</tr>
</table>
```

运行结果如下图所示。

代码中的border属性用来设置表格的边框,bgcolor用来设定背景色,cellpadding和cellspacing用于控制表格之间的距离。

小提示

在 CSS 未被广泛应用之前,大都使用上述这些属性设置表格样式,但是控制表格能力非常弱,使用 CSS 之后,表格的外观样式就丰富起来了。

12.2.2 表格的边框

下面来学习CSS是怎么作用于表格边框的。先删除上例代码中html属性，在head区域内加入如下样式。

```
<style type="text/css">
.score{
  font: 14px 宋体;                    /*设置字号*/
  border:2px #069 solid;              /*设置边框样式*/
  text-align:center;                  /*设置文字居中*/
  border-collapse:collapse;           /*两边框合并为一条*/
}
.score td{
  border:1px #069 dashed;             /*设置td边框样式*/
}
.score th{
  border:1px #069 solid;              /*设置th边框样式*/
}
</style>
```

运行结果如下图所示。

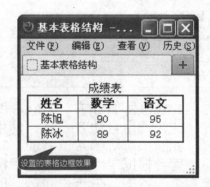

border-collapse属性用来设置单元格的边框，当属性值为collapse时，产生合并边框的效果；当取separate时，意为边框分离，也是默认取值。

小提示

如果 border-collapse 属性设置为 collapse，在 Dreamweaver 中不能被应用，仅在浏览器下查看。

12.2.3 表格宽度的确定

CSS中提供了table-layout属性，用来设置表格及内部单元格的宽度。它有两个属性值，分别是auto和fixed。

1. auto：即自动方式

使用自动方式时，实际的宽度会根据单元格中内容的多少进行自动调整。

2. fixed：即固定方式

在固定方式下，表格的水平布局不依赖于单元格的内容，而由width属性控制。

实例如下（源文件参见随书光盘中的"源文件\ch12\12-4.html"）。

<!DOCTYPE html PUBLIC "-//W3C//DTD XHTML 1.0 Transitional//EN" "http://www.w3.org/TR/xhtml1/
DTD/xhtml1-transitional.dtd">
<html xmlns="http://www.w3.org/1999/xhtml">
<head>
<meta http-equiv="Content-Type" content="text/html; charset=utf-8" />
<title>表格宽度的确定实例</title>
</head>
<body>
<table style="table-layout:auto">
<tr>
<td >1.Auto:即自动方式，使用自动方式时，实际的宽度会根据单元格中内容的多少进行自动调整</td>
<td >1.Auto:即自动方式，使用自动方式时，实际的宽度会根据单元格中内容的多少进行自动调整</td>
<td >1.Auto:即自动方式，使用自动方式时，实际的宽度会根据单元格中内容的多少进行自动调整</td>
</tr>
</table>
</body>
</html>

运行结果如下图所示。

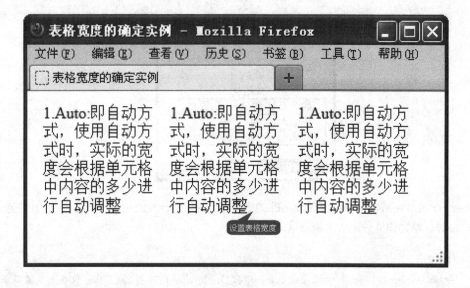

 小提示

在对格式要求比较严格的时候使用固定方式，否则使用 auto 方式居多。

12.2.4 其他与表格相关的标记

表格中还有3个标记:<thead>、<tbody>、<tfoot>，用来定义表格中的不同部分。thead用于确定表头，tbody用来确定表正文，tfoot用来确定表底部，实例代码如下（源文件参见随书光盘中的"源文件\ch12\12-5.html"）。

```
<!DOCTYPE html PUBLIC "-//W3C//DTD XHTML 1.0 Transitional//EN" "http://www.w3.org/TR/xhtml1/
DTD/xhtml1-transitional.dtd">
<html xmlns="http://www.w3.org/1999/xhtml">
<head>
<meta http-equiv="Content-Type" content="text/html; charset=utf-8" />
<title>表格中的其他标签实例</title>
<style type="text/css">
.score{
    font: 14px 宋体;                            /*设置字号大小*/
    border:2px #069 solid;                      /*设置边框样式*/
    text-align:center;                          /*设置文字居中*/
    border-collapse:collapse;                   /*两个边框合并为一条*/
}
thead{color:red;}                               /*设置表头为红色*/
tbody{color:blue;}                              /*设置表正文为蓝色*/
tfoot{color:green;}                             /*设置表底部为绿色*/
.score td{
    border:1px #069 solid;                      /*定义td边框样式*/
}
.score th{
    border:1px #069 solid;                      /*定义th边框样式*/
}
</style>
</head>
<body>
<table width="200"  class="score">             /*设置table应用score样式*/
<caption>成绩表</caption>                        /*标题*/
<thead>                                          /*表头*/
<tr>
<th width="60">姓名</th>
<th width="60">数学</th>
<th width="66">语文</th>
</tr>
</thead>
<tbody>                                           /*正文*/
<tr>                                             /*内容*/
<td>陈旭</td>
<td>90</td>
<td>95</td>
</tr>
<tr>
<td>陈冰</td>
<td>89</td>
<td>92</td>
</tr>
</tbody>
<tfoot>                                           /*表底*/
```

```
<tr>
<td>合计</td>
<td>179</td>
<td>187</td>
</tr>
</tfoot>
</table>
</body>
</html>
```

运行结果如下图所示。

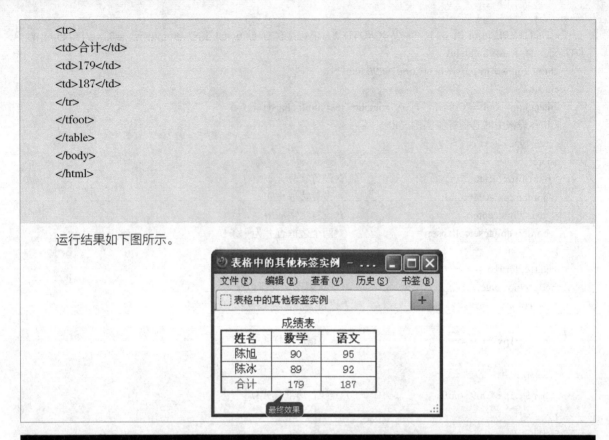

12.3 实例3——表格操作

本节视频教学时间：11分钟

了解了表格的基本结构和应用CSS控制表格的方法，接下来了解有关表格的几种常用操作。

12.3.1 合并单元格

表格有一个非常好的优点，就是易于合并。针对12.1节实例中的3行3列的表格，合并第三行后两列的单元格。

1 切换到【设计】模式下

使用Dreamweaver CS6打开实例文件12-1.html，并切换到【设计】模式下。

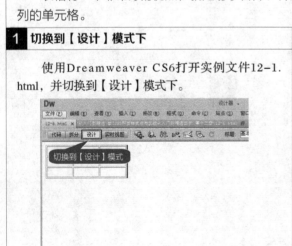

2 选择要合并的单元格

选择第三行的后两列的单元格。

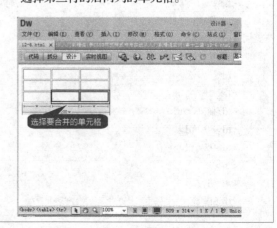

3 选择【合并单元格】命令

单击鼠标右键，在弹出的快捷菜单中选择【表格】▶
【合并单元格】菜单命令。

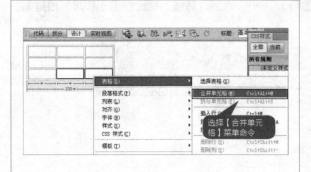

4 完成合并

即可将所选择的单元格进行合并。

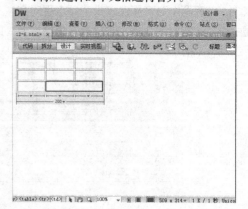

此外，还可以在下方的【属性】框中单击【单元格】按钮，完成单元格的合并。

这时可以看到最后一行代码发生变化（源文件参见随书光盘中的"源文件\ch12\12-6.html"）。

```
<td colspan="2"> </td>
```

12.3.2 设置对齐方式

对于table标签来说，有3种对齐方式，分别是居左、居中、居右。设置步骤如下。

1 切换到【设计】模式下

打开随书光盘中的"源文件\ch12\12-7.html"，
切换到【设计】视图下。

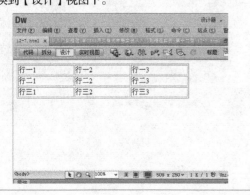

2 设置对齐方式

选中整个表格，这时【属性】框切换到
【table】选项卡下，根据需要选择【对齐】下拉列
表框中的任意一个属性值即可。

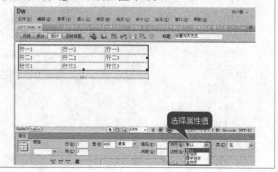

td标签也具有对齐属性，设置步骤如下。

打开随书光盘中的"源文件\ch12\12-7.html"文件，任意选中一列，【属性】框切换到该列属性表中。td有两个对齐属性，一个是水平对齐，一个是垂直对齐。水平对齐有三个属性值，即左对齐、居中对齐、右对齐，垂直对齐有四个属性值，即顶端、居中、底部、基线，都比较易于理解，根据需要选择一个确定即可。

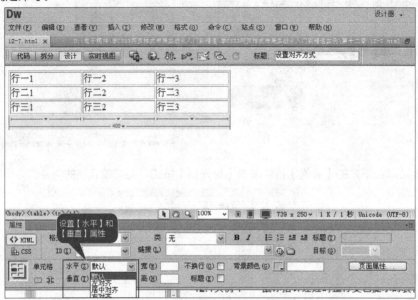

12.3.3 用cellpadding属性和cellspacing属性设定距离

cellpadding属性和cellspacing属性是HTMLl用来设置表格边框间距的，这种方式现在不是很常用。可以通过下面的实例理解这两个属性的作用，实例代码如下（源文件参见随书光盘中的"源文件\ch12\12-8.html"）。

```
<!DOCTYPE html PUBLIC "-//W3C//DTD XHTML 1.0 Transitional//EN" "http://www.w3.org/TR/xhtml1/
DTD/xhtml1-transitional.dtd">
<html xmlns="http://www.w3.org/1999/xhtml">
<head>
<meta http-equiv="Content-Type" content="text/html; charset=utf-8" />
<title>设定距离</title>
</head>
<body>
<table width="400" border="1" cellpadding="10" cellspacing="10">
<tr>                          /*定义行一*/
<td>行一1</td>
<td>行一2</td>
<td>行一3</td>
</tr>
<tr>                          /*定义行二*/
<td>行二1</td>
<td>行二2</td>
<td>行二3</td>
</tr>
```

```
<tr>                      /*定义行三*/
<td>行三1</td>
<td>行三2</td>
<td>行三3</td>
</tr>
</table>
</body>
</html>
```

运行结果如下图所示。

设定距离后的效果

从图中可以看到cellpadding作用是控制表格中的填充，cellspacing控制表格之间的间距。

12.4 实例4——鼠标指针经过时整行变色提示的表格

本节视频教学时间：18分钟

为了便于确定鼠标所在表格的行，可以设置在鼠标经过某一行表格时整行的颜色发生改变。

12.4.1 搭建HTML结构

本实例着重点在于观察HTML下表格实现的效果，也从侧面反映了CSS+HTML的生命力。制作页面如下。

```
<!DOCTYPE html PUBLIC "-//W3C//DTD XHTML 1.0 Transitional//EN" "http://www.w3.org/TR/xhtml1/
DTD/xhtml1-transitional.dtd">
<html xmlns="http://www.w3.org/1999/xhtml">
<head>
<meta http-equiv="Content-Type" content="text/html; charset=utf-8" />
<title>基本框架</title>
<style type="text/css">
table {                     /*定义table样式*/
    color: #565;
    font: 12px arial;
}
tr{                         /*定义tr背景*/
```

```
    background-color: #beb;
  }
  td {                                          /*定义td样式*/
    border-bottom: 2px solid #B3DE94;
    border-top: 3px solid #FFFFFF;
    padding: 9px;
  }
</style>
</head>
<body>
<table summary="book list">
<caption>通讯录</caption>                        /*标题*/
<tr >                            /*表头*/
<td >姓名</td>
 <td>单位</td>
<td>部门</td>
<td>职务</td>
<td>联系方式</td>
</tr>
<tr>                              /*陈真信息*/
<td >陈真</td>
<td>精武门</td>
<td>格斗</td>
<td>武师</td>
<td>8888</td>
</tr>
<tr>                              /*黄飞鸿信息*/
<td >黄飞鸿</td>
<td>宝芝林</td>
<td>医药部</td>
<td>主治医生</td>
<td>6666</td>
</tr>
<tr>                              /*李白信息*/
<td >李白</td>
<td>翰林院</td>
<td>诗词</td>
<td>作家</td>
<td>7777</td>
</tr>
</table>
</body>
</html>
```

运行结果如下图所示。

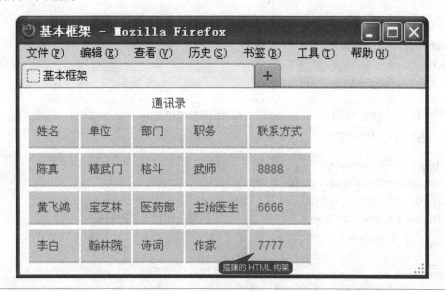

12.4.2 在Firefox和IE9中实现鼠标指针经过时整行变色

接下来使鼠标经过某一行的时候，该行的背景变色，对于Firefox和IE9而言，仅仅通过":hover"伪类就可以实现这种效果，在样式表中增加如下代码。

```
tr:hover{
    background-color: green;
    color:red;
}
```

在代码中，指明当鼠标经过时，背景变为绿色，文字变为红色，运行结果如下图所示。

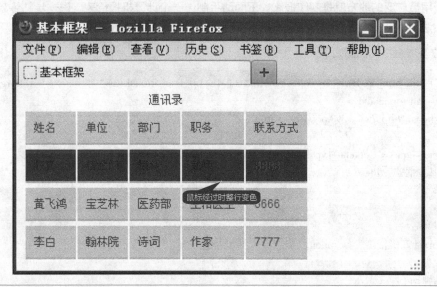

12.4.3 在IE6中实现鼠标指针经过时整行变色

由于IE6不支持":hover"，要实现这一效果需要配合JavaScript语句。

(1) 在CSS中增加一个.hover类选择器，代码如下。

```
tr:hover,tr.hover{
    background-color: green;
    color:red;
}
```

(2) 在</table>标签后添加JavaScript代码。这里仅给出相关代码，因为JavaScript不是本书重点，不再在这里详解。代码如下。

```
<script language="javascript">
var rows = document.getElementsByTagName('tr');
for (var i=0;i<rows.length;i++){
    rows[i].onmouseover = function(){          //鼠标指针在行上面的时候
            this.className = 'hover';
    }
    rows[i].onmouseout = function(){           //鼠标指针离开时
            this.className = ";
    }
}
</script>
```

通过这种方式实现在IE6下使鼠标经过时该行变色。

12.5 实例5——制作计算机报价表

本节视频教学时间：10分钟

表格应用最广泛的地方就是制作报表。下面动手制作一个计算机报价表，进一步熟练掌握CSS控制表格的方法。整个过程跟12.2节类似。

(1) 建立基本表格，代码如下。

```
<!DOCTYPE html PUBLIC "-//W3C//DTD XHTML 1.0 Transitional//EN" "http://www.w3.org/TR/xhtml1/
DTD/xhtml1-transitional.dtd">
<html xmlns="http://www.w3.org/1999/xhtml">
<head>
<meta http-equiv="Content-Type" content="text/html; charset=utf-8" />
<title>基本框架</title>
</head>
<body>
<table>
<caption>计算机报价表</caption>                /*标题*/
<tr >                                       /*表头*/
<td >品牌</td>
<td>CPU</td>
<td>内存</td>
<td>硬盘</td>
<td>价格（元）</td>
```

```
    </tr>
    <tr>                                    /*联想电脑信息*/
    <td >联想</td>
    <td>Intel Core 2GHz</td>
    <td>hy4G</td>
    <td>希捷500G</td>
    <td>3000</td>
    </tr>
    <tr>                                    /*方正电脑信息*/
    <td >方正</td>
    <td>AMD3800+ </td>
    <td>hy2G</td>
    <td>昆腾200G</td>
    <td>2000</td>
    </tr>
    <tr>                                    /*神州电脑信息*/
    <td >神舟</td>
    <td>Intel 2GHz</td>
    <td>hy1G</td>
    <td>昆腾100G</td>
    <td>1500</td>
    </tr>
    </table>
    </body>
    </html>
```

运行结果如下图所示。

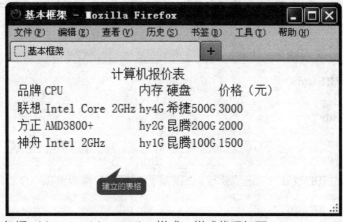

(2) 添加样式表。包括table、tr、td、caption样式，样式代码如下。

```
<style type="text/css">
table {
    color: red;
    font: 12px arial;
    border-collapse:collapse;
}
tr{
```

```
    background-color: green;
}
td {
    border: 2px solid white;
    padding: 9px;
}
caption{
    font-size:16px;
    font-weight:bold;
}
</style>
```

在代码中给标题加大字号，并加粗，背景颜色使用绿色，文字颜色使用红色，运行结果如下图所示。

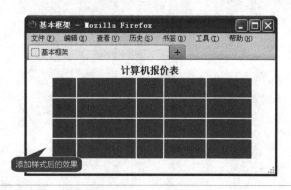

添加样式后的效果

举一反三

通过本章的介绍，我们知道表格有很多优点，布局快捷，可以灵活合并形成复杂表格，特别适合数据表的显示。在数据表中增加或删除行也很便捷，如在实例5的计算机报价表中增加行，只需要复制如下代码即可。

```
<tr >
 <td >联想</td>
<td>Intel Core 2GHz</td>
<td>hy4G</td>
<td>希捷500G</td>
<td>3000</td>
</tr>
```

直接修改复制过来的数据就能形成新行。如果删除一行，只需要选择<tr></tr>标签内容，删除即可。

 ## 高手私房菜

技巧：在文档头部方式和外连文件方式的CSS中都有"<!--"和"-->"，好像没什么用，不要可以吗？

这一对括号的作用是为了不引起低版本浏览器的错误。如果某个执行此页面的浏览器不支持CSS，它将忽略其中的内容。虽然现在使用不支持CSS浏览器的人已很少了，但互联网上几乎什么可能都会发生，所以还是建议保留。

第13章

链接与项目列表

 本章视频教学时间：47 分钟

互联网来源于链接，网站从本质上来说就是链接，所有的页面都是通过链接进行访问，项目列表是DIV+CSS布局的基本元素，所以要做好一个网页，这两方面的知识也是很重要的。本章对链接用法和项目列表的用法进行详细讲解。

【学习目标】

通过本章的学习，掌握链接特效的用法和项目列表的用法。

【本章涉及知识点】

链接特效的使用

项目列表的使用

13.1 实例1——丰富的链接特效

 本节视频教学时间：22分钟

链接是网页的基本元素，通过链接能实现页面逐级访问。本节主要介绍链接的各种效果，包括动态超链接、按钮式超链接、CSS控制鼠标指针、浮雕背景超链接、让下画线动起来等效果。

13.1.1 动态超链接

在网页语言中，超链接是通过<a>标记来实现的，链接的具体地址由其href属性指定，一个完整的超链接代码如下。

```
<a href="ttp://xfybee.taobao.com">信阳农家蜜源</a>
```

这种基本的超级链接方式，已经无法满足网页制作者的需求。通过CSS可以设置超链接的各种属性，而且通过伪类别可以制作很多动态效果，其具体属性设置如下。

属性	描述
a:link	链接的普通样式，即正常浏览状态样式
a:visited	被单击过的链接样式
a:hover	鼠标指针经过链接上时的样式
a:active	在链接上单击时，即当前激活时，链接的样式

实例代码如下。

```
<!DOCTYPE html PUBLIC "-//W3C//DTD XHTML 1.0 Transitional//EN" "http://www.w3.org/TR/xhtml1/DTD/xhtml1-transitional.dtd">
<html xmlns="http://www.w3.org/1999/xhtml">
<head>
<meta http-equiv="Content-Type" content="text/html; charset=utf-8" />
<title>动态超链接</title>
<style type="text/css">
a:link, a:visited{                          /*设置a标签样式*/
  text-decoration:none;
  color:blue;
}
a:hover,a:active{
  text-decoration:underline;
  color:green;
}
</style>
</head>
<body>
<a href="http://xfybee.taobao.com">信阳农家蜜源</a>
</body>
</html>
```

在代码中，设置访问前颜色为蓝色，不带下画线，当鼠标移动到上面激活时，颜色变为绿色并且带有下画线，运行结果如下图所示。

 小提示

a:active 很少使用，因为浏览者切换页面，焦点就会不断地产生切换，使上次访问激活状态失效，设置的意义不大。

13.1.2 按钮式超链接

除了上节文字颜色、下画线之外，对链接还可以设置各种属性，产生丰富多彩的效果。按钮效果就是被各种网页广泛应用的效果之一。

(1) 制作基本页面，代码如下。

```
<!DOCTYPE html PUBLIC "-//W3C//DTD XHTML 1.0 Transitional//EN" "http://www.w3.org/TR/xhtml1/
DTD/xhtml1-transitional.dtd">
<html xmlns="http://www.w3.org/1999/xhtml">
<head>
<meta http-equiv="Content-Type" content="text/html; charset=utf-8" />
<title>按钮链接</title>
</head>
<body>                                    /*导航*/
<a href="#">首页</a>
<a href="#">企业简介</a>
<a href="#">企业新闻</a>
<a href="#">产品展示</a>
<a href="#">联系我们</a>
</body>
</html>
```

运行结果如下图所示。

(2) 对a标记进行控制，设置普通超链接和单击过的超链接使用相同样式，并且利用边框的样式模拟按钮效果。加入如下样式代码。

```
<style>
a{                                            /* 统一设置所有样式 */
  font-family: 宋体;
  font-size: 16px;
  text-align:center;
  margin:3px;
}
a:link, a:visited{                            /* 超链接正常状态、被访问过的样式 */
  color: green;
  padding:4px 10px 4px 10px;
  background-color: #ECD8DB;
  text-decoration: none;
  border-top: 1px solid #EEEEEE;              /* 边框实现阴影效果 */
  border-left: 1px solid #EEEEEE;
  border-bottom: 1px solid #717000;
  border-right: 1px solid #717000;
}
a:hover{                                       /* 鼠标经过时的超链接 */
  color:#821818;                               /* 改变文字颜色 */
  padding:5px 8px 3px 12px;                    /* 改变文字位置 */
  background-color:#E2C4C9;                     /* 改变背景色 */
  border-top: 1px solid #717000;               /* 边框变换，实现 "按下去" 的效果 */
  border-left: 1px solid #717000;
  border-bottom: 1px solid #EEEEEE;
  border-right: 1px solid #EEEEEE;
  font-weight:bold;
}
</style>
```

在上面的代码中，通过对3个伪属性的颜色、背景和边框的修改，模拟了按钮的样式，运行结果如下图所示。

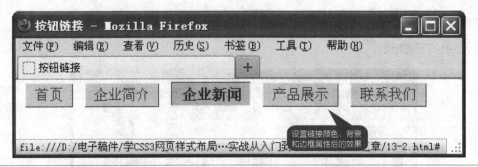

13.1.3 CSS控制鼠标指针

在网上冲浪时，有时可以看到鼠标指针的形状不是常见的箭头、手形，这些其他形状的鼠标指针可以通过CSS样式cursor属性实现。

cursor属性用来定义鼠标指针的形状，可以应用在任何标记中，其属性值列表如下。

属性值	描述
default	默认光标（通常是一个箭头）
auto	默认浏览器设置的光标
crosshair	光标呈现为十字线
pointer	光标呈现为指示链接的指针（一只手）
move	此光标指示某对象可被移动
e-resize	此光标指示矩形框的边缘可被向右（东）移动
ne-resize	此光标指示矩形框的边缘可被向上及向右（北/东）移动
nw-resize	此光标指示矩形框的边缘可被向上及向左（北/西）移动
n-resize	此光标指示矩形框的边缘可被向上（北）移动
se-resize	此光标指示矩形框的边缘可被向下及向右（南/东）移动
sw-resize	此光标指示矩形框的边缘可被向下及向左（南/西）移动
s-resize	此光标指示矩形框的边缘可被向下（南）移动
w-resize	此光标指示矩形框的边缘可被向左（西）移动
text	此光标指示文本
wait	此光标指示程序正忙（通常是一只表或沙漏）
help	此光标指示可用的帮助（通常是一个问号或一个气球）

实例代码如下（源文件参见随书光盘中的"源文件\ch13\13-3.html"）。

```
<!DOCTYPE html PUBLIC "-//W3C//DTD XHTML 1.0 Transitional//EN" "http://www.w3.org/TR/xhtml1/
DTD/xhtml1-transitional.dtd">
<html xmlns="http://www.w3.org/1999/xhtml">
<head>
<meta http-equiv="Content-Type" content="text/html; charset=utf-8" />
<title>光标定义</title>
<style type="text/css">
a:link, a:visited{                          /*定义链接样式*/
   text-decoration:none;
   color:blue;
}
a:hover,a:active{                           /*定义活动链接样式*/
   text-decoration:underline;
   color:green;
   cursor:help;
}
</style>
</head>
```

```
<body>
<a href="http://xfybee.taobao.com">信阳农家蜜源</a>
</body>
</html>
```

在代码中定义光标为帮助图标。

小提示

由于计算机系统环境不同，用户看到的光标图形可能不一致。

13.1.4 浮雕背景超链接

除了背景颜色和边框等样式外，超链接还支持背景图片，实际应用中，可以通过这种方法制作出更多绚丽的效果。本例通过超链接背景图片的变换，实现浮雕效果。实例代码如下（源文件参见随书光盘中的"源文件\ch13\13-4.html"）。

```
<!DOCTYPE html PUBLIC "-//W3C//DTD XHTML 1.0 Transitional//EN" "http://www.w3.org/TR/xhtml1/
DTD/xhtml1-transitional.dtd">
<html xmlns="http://www.w3.org/1999/xhtml">
<head>
<meta http-equiv="Content-Type" content="text/html; charset=utf-8" />
<title>浮雕效果</title>
<style type="text/css">
table{                                    /*定义表格样式*/
    font-family:宋体;
    font-size:14px;
    width:100%;
    background:url(button1_bg.jpg) repeat-x;
}
a{                                        /*定义a的样式*/
    width:80px; height:32px;
    padding-top:10px;
    text-decoration:none;
    text-align:center;
}
a, a:visited{
    color:#654300;
    background:url(button1.jpg) repeat-x;        /* 变换背景图片 */
}
a:hover{
    color:#FFFFFF;
    background:url(button2.jpg) repeat-x;        /* 变换背景图片 */
}
</style>
</head>
<body>
<table width="100%" >                        /*定义一行5列表格*/
```

```
<tr><td height="31" width="20%">
<a href="#">首页</a>
</td><td height="31" width="20%">
<a href="#">企业简介</a>
</td><td height="31" width="20%">
<a href="#">产品展示</a>
</td><td height="31" width="20%">
<a href="#">企业新闻</a>
</td><td height="31" width="20%">
<a href="#">联系我们</a>
</td></tr>
</table>
</body>
</html>
```

在代码中，定义了超链接初始时候和鼠标经过时链接具有不同的背景图片，从而实现超链接的浮雕效果，运行结果如下图所示。

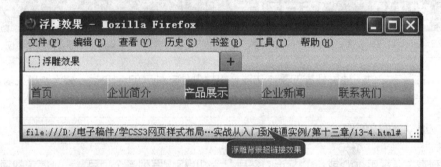

浮雕背景超链接效果

13.1.5 让下画线动起来

有一个比较特殊的下画线效果，就是下画线动起来。本例要实现在一个链接文字下有一个会移动的虚下画线，普通状态时，虚线向左移动，鼠标指针经过时，虚线向右移动。实例代码如下（源文件参见随书光盘中的"源文件\ch13\13-5.html"）。

```
<!DOCTYPE html PUBLIC "-//W3C//DTD XHTML 1.0 Transitional//EN" "http://www.w3.org/TR/xhtml1/
DTD/xhtml1-transitional.dtd">
<html xmlns="http://www.w3.org/1999/xhtml">
<head>
<meta http-equiv="Content-Type" content="text/html; charset=utf-8" />
<title>会动的下画线实例</title>
<style type="text/css">
a,a:visited{
    background: url(bg2.gif) repeat-x left bottom;
    text-decoration:none;
}
a:hover{
    background: url(bg.gif) repeat-x left bottom;
    text-decoration:none;
```

```
    }
    </style>
    </head>
    <body>
    <a href="#">我会动呀</a><a href="#">我会动呀</a>
    </body>
    </html>
```

从代码中可以看到，下画线其实是一个图片，运行结果如下图所示。

13.2 实例2——项目列表

本节视频教学时间：25分钟

传统的HTML语言提供了项目列表的基本功能，包括顺序式列表的\<ol\>标记和无顺序列表的\<ul\>标记等。当引入CSS后，项目列表被赋予了很多新的属性，甚至超越了它最初设计时的功能。

13.2.1 列表的符号

通常项目列表主要采用\<ul\>或\<ol\>标记，然后配合\<li\>标记罗列各个项目，一个简单的项目列表实例如下（源文件参见随书光盘中的"源文件\ch13\13-6.html"）。

```
<!DOCTYPE html PUBLIC "–//W3C//DTD XHTML 1.0 Transitional//EN" "http://www.w3.org/TR/xhtml1/
DTD/xhtml1–transitional.dtd">
<html xmlns="http://www.w3.org/1999/xhtml">
<head>
<meta http–equiv="Content–Type" content="text/html; charset=utf–8" />
<title>项目列表</title>
<style>
ul{
    font–size:16px;
    color:red;
    list–style–type:decimal;                    /* 项目编号 */
}
li.special{
    list–style–type:circle;                     /* 单独设置 */
}
</style>
</head>
<body>
```

```
<ul>                                    /*使用ul标签定义导航*/
    <li>首页</li>
    <li>公司简介</li>
    <li class="special">企业新闻</li>
    <li>产品展示</li>
    <li>联系我们</li>
</ul>
</body>
</html>
```

在代码中，设置两种li的表现形式，一个是数字，一个是空心圆。运行结果如下图所示。

list-style-type属性是用来设置列表项目的标记类型，有如下常用属性值。

属性值	描述
none	无标记
disc	默认，标记是实心圆
circle	标记是空心圆
square	标记是实心方块
decimal	标记是数字
lower-alpha	小写英文字母 (a, b, c, d, e 等)
upper-alpha	大写英文字母 (A, B, C, D, E 等)
lower-greek	小写希腊字母 (α , β , γ 等)
lower-latin	小写拉丁字母 (a, b, c, d, e 等)
upper-latin	大写拉丁字母 (A, B, C, D, E 等)

13.2.2 图片符号

CSS不仅可以把项目列表设为各种传统符号，而且可以设置为任意图片，这通过list-style-image属性进行设置，它的作用就是用图标替换列表项的标记。实例代码如下（源文件参见随书光盘中的"源文件\ch13\13-7.html"）。

<!DOCTYPE html PUBLIC "-//W3C//DTD XHTML 1.0 Transitional//EN" "http://www.w3.org/TR/xhtml1/DTD/xhtml1-transitional.dtd">

<html xmlns="http://www.w3.org/1999/xhtml">

```
<head>
<meta http-equiv="Content-Type" content="text/html; charset=utf-8" />
<title>项目列表</title>
<style>
ul{
    font-size:0.9em;
    color:#00458c;
    list-style-image:url(icon1.jpg);                    /* 使用图标替换项目列表符号 */
}
li{
    padding-left:25px;                                  /* 设置图标与文字的间隔 */
}
</style>
</head>
<body>
<ul>                                                    /*ul定义导航*/
    <li>首页</li>
    <li>公司简介</li>
    <li>企业新闻</li>
    <li>产品展示</li>
    <li>联系我们</li>
</ul>
</body>
</html>
```

在代码中通过使用icon1.jpg去替换项目列表符号，运行结果如下图所示。

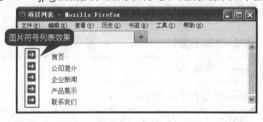

13.2.3 建立有序列表

在网页页面中，合理地使用列表标签可以起到提纲和格式排序的作用。有序列表就是有顺序号的列表，通常使用<ol>标签，每一个列表项前使用<li>，<ol>列表的结果是带有前后顺序之分的编号。如果插入和删除一个列表项，编号会自动调整。

<ol>有一个type属性，用来设置顺序号的类型，其属性值列表如下。

属性值	描述
type=1	表示列表项目用数字标号（1,2,3...）
type=A	表示列表项目用大写字母标号（A,B,C...）
type=a	表示列表项目用小写字母标号（a,b,c...）
type=I	表示列表项目用大写罗马数字标号（Ⅰ,Ⅱ,Ⅲ...）
type=i	表示列表项目用小写罗马数字标号（i,ii,iii...）

实例代码如下（源文件参见随书光盘中的"源文件\ch13\13-8.html"）。

```
<!DOCTYPE html PUBLIC "-//W3C//DTD XHTML 1.0 Transitional//EN" "http://www.w3.org/TR/xhtml1/
DTD/xhtml1-transitional.dtd">
<html xmlns="http://www.w3.org/1999/xhtml">
<head>
<meta http-equiv="Content-Type" content="text/html; charset=utf-8" />
<title>有序列表</title>
</head>
<body>
<ol>                                    /*定义默认数字列表*/
<li>默认的有序列表</li>
<li>默认的有序列表</li>
<li>默认的有序列表</li>
</ol>
<ol type=a start=5>                      /*定义字母有序列表*/
<li>第1项</li>
<li>第2项</li>
<li>第3项</li>
<li value= 20>第4项</li>
</ol>
<ol type= I start=2>                     /*定义罗马数字有序列表*/
<li>第1项</li>
<li>第2项</li>
<li>第3项</li>
</ol>
</body>
</html>
```

运行结果如下图所示。

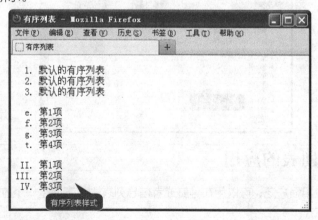

13.2.4 建立无序列表

无序列表就是在列表的时候没有顺序号的存在，列表项之间没有非常严格的先后顺序。在HTML中，无序列表通过<ul>标签建立。把上例中的<ol>标签替换为<ul>，实例代码如下（源文件参见随书光盘中的"源文件\ch13\13-9.html"）。

```
<!DOCTYPE html PUBLIC "-//W3C//DTD XHTML 1.0 Transitional//EN" "http://www.w3.org/TR/xhtml1/
DTD/xhtml1-transitional.dtd">
<html xmlns="http://www.w3.org/1999/xhtml">
<head>
<meta http-equiv="Content-Type" content="text/html; charset=utf-8" />
<title>无序列表</title>
</head>
<body>
<ul>                        /*定义ul无序列表*/
<li>默认的无序列表</li>
<li>默认的无序列表</li>
<li>默认的无序列表</li>
</ul>
<ul>                        /*定义ul无序列表*/
<li>第1项</li>
<li>第2项</li>
<li>第3项</li>
<li>第4项</li>
</ul>
<ul>                        /*定义ul无序列表*/
<li>第1项</li>
<li>第2项</li>
<li>第3项</li>
</ul>
</body>
</html>
```

运行结果如下图所示。

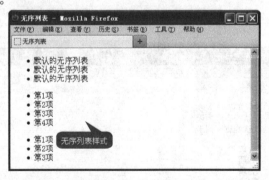

13.2.5 网页列表的应用

列表在网页中的应用很广泛，可以用在导航或者信息列表中。下面是一个应用<ul>制作图文列表的典型例子，步骤如下。

(1) 建立基本页面框架，代码如下。

```
<!DOCTYPE html PUBLIC "-//W3C//DTD XHTML 1.0 Transitional//EN" "http://www.w3.org/TR/xhtml1/
DTD/xhtml1-transitional.dtd">
<html xmlns="http://www.w3.org/1999/xhtml">
<head>
```

```
<meta http-equiv="Content-Type" content="text/html; charset=utf-8" />
<title>图文列表实现实例</title>
</head>
<body>
<ul>
<li><a href="#" ><imgsrc="xt.jpg" border="0" /><span>文字标题</span></a></li>
<li><a href="#" ><imgsrc="xt.jpg"  border="0" /><span>文字标题</span></a></li>
<li><a href="#" ><imgsrc="xt.jpg" border="0" /><span>文字标题</span></a></li>
<li><a href="#" ><imgsrc="xt.jpg"  border="0" /><span>文字标题</span></a></li>
<li><a href="#" ><imgsrc="xt.jpg"  border="0" /><span>文字标题</span></a></li>
</ul>
</body>
</html>
```

运行结果如左下图所示。

(2) 设置ul样式，控制整体布局尺寸、边框、边距、填充。在样式表中加入如下代码。

```
ul {
    width:788px;
    border:1px solid #B5B5B5;
    margin:0 auto;
    height:176px;
    padding:22px 0 0 0;
}
```

(3) 设置图片大小。为了使图片在后边的步骤更加可控，这里先设置图片的大小，设定图片宽度为100px。在样式中加入如下代码。

```
img{
    width:100px;
}
```

运行结果如右下图所示。

基本网页页面

缩小图片后的效果

(4) 设置li样式，使其在一行中显示。在样式中加入如下代码。

```
li{
    float:left;
    text-align:center;
    margin:0 0 0 27px;
    width:125px;
}
span{
    display:block;
}
```

运行结果如左下图所示。

(5) 从左下图中看到每个li带有个圆点，这是不需要的。可以通过ul的list-style-type属性控制，在样式表中加入如下代码。

```
list-style-type:none;
```

运行结果如右下图所示。

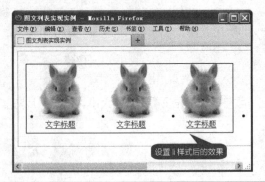

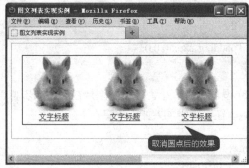

高手私房菜

技巧：链接的伪类声明顺序

链接的伪类声明是有顺序的。有些时候，用户不明白为什么自己在链接设置上面都设置的很好了，但显示出来却不是自己想要的那种效果，这是因为一些浏览器会忽略一条或者更多的锚元素伪类规则，除非它们早已按次序排列出来，即按照如下顺序。

a: link用在未访问的链接上；

a :visited用在已经访问过的链接上；

a :hover用于鼠标光标置于其上的链接；

a :active用于获得焦点（比如，被单击）的链接上。

另外，在CSS链接这些属性中，常用到的是color（文字颜色属性），background（背景颜色属性），text-decoration（文字修饰属性，即是否有下画线），在定义的时候也要按照这个顺序才能避免出现一些错误。

第14章

导航菜单

 本章视频教学时间：1 小时 50 分钟

通过上一章的讲解，我们了解了列表应用CSS能产生丰富多彩的效果。对于一个网站来说。最需要效果体现的部分就是导航了，导航风格影响整体网站风格。本章结合前边章节的知识，详细讲解几种常见导航方式的制作。

【学习目标】

通过本章的学习，可以制作常用的几种导航样式。

【本章涉及知识点】

竖直导航菜单

横竖自由转换的菜单

水平导航菜单

双竖线菜单

14.1 实例1——简单的导航菜单

本节视频教学时间：17分钟

下面详细介绍两种简单的导航菜单样式。

14.1.1 竖直导航菜单

在传统方式下制作导航菜单，往往需要配合复杂的JavaScript脚本才能实现，CSS诞生后，这个工作变得相对简单。下面制作一个竖直导航菜单，效果如下图所示。

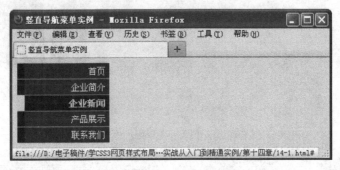

制作步骤如下。

(1) 制作基本框架文件，代码如下。

```
<!DOCTYPE html PUBLIC "-//W3C//DTD XHTML 1.0 Transitional//EN" "http://www.w3.org/TR/xhtml1/
DTD/xhtml1-transitional.dtd">
<html xmlns="http://www.w3.org/1999/xhtml">
<head>
<meta http-equiv="Content-Type" content="text/html; charset=utf-8" />
<title>竖直导航菜单实例</title>
</head>
<body>
<ul>
  <li><a href="#">首页</a></li>
  <li><a href="#">企业简介</a></li>
  <li><a href="#">企业新闻</a></li>
  <li><a href="#">产品展示</a></li>
  <li><a href="#">联系我们</a></li>
</ul>
</body>
</html>
```

(2) 给整个页面加一个浅色背景，加入如下样式代码。

```
body{
    background-color:#DEE0FF;
}
```

运行结果如下图所示。

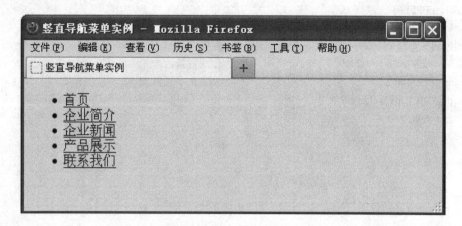

此时就是一个简单的无序列表。

(3) 设置ul样式，包括宽度、字体、字号、对齐方式、边框。样式代码如下。

```
ul {
    width:150px;
    font-family:宋体;
    font-size:14px;
    text-align:right;
    list-style-type:none;                    /* 不显示项目符号 */
    margin:0px;
    padding:0px;
}
```

(4) 为li增加样式，包括添加下画线、设置a属性，代码如下。

```
li {
    border-bottom:1px solid #9F9FED;         /* 添加下画线 */
}
li a{
    display:block;
    height:1em;
    padding:5px 5px 5px 0.5em;
    text-decoration:none;
    border-left:12px solid #151571;          /* 左边的粗边 */
    border-right:1px solid #151571;          /* 右侧阴影 */
}
```

(5) 设置超链接的效果，样式代码如下。

```
li a:link, li a:visited{
    background-color:#1136C1;
    color:#FFFFFF;
}
li a:hover{                                    /* 鼠标经过时 */
    background-color:#002099;                  /* 改变背景色 */
    color:#FFFF00;                             /* 改变文字颜色 */
    border-left:12px solid yellow;
    font-weight:bold;
}
```

现在一个竖直导航菜单已经完成，运行后结果如下图所示。

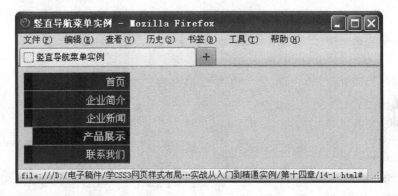

14.1.2 横竖自由转换菜单

导航菜单水平排列的方式也很普遍，一个无序列表，最终是水平排列还是竖直排列取决于样式表的书写。所以，竖直排列的样式表，也完全能变成水平排列。这里针对上一节的实例，变换样式代码，完成竖直导航菜单到水平导航菜单的转换，具体需要完成如下工作。

(1) 改变ul的宽度，要足够容纳下菜单中所有li水平显示时的宽，或ul宽度自适应；

(2) 改变li的浮动方式为左浮动；

(3) 设置a标签的宽度。

完成后样式代码如下（源文件参见随书光盘中的"源文件\ch14\14-2.html"）。

```
body{
    background-color:#DEE0FF;
}
ul {
    font-family:宋体;
    font-size:14px;
    text-align:right;
    list-style-type:none;                      /* 不显示项目符号 */
    margin:0px;
    padding:0px;
}
li {
```

```
    float:left;
    border-bottom:1px solid #9F9FED;                /* 添加下画线 */
}
li a{
    display:block;
    width:150px;
    height:1em;
    padding:5px 5px 5px 0.5em;
    text-decoration:none;
    border-left:12px solid #151571;                 /* 左边的粗边 */
    border-right:1px solid #151571;                 /* 右侧阴影 */
}
li a:link, li a:visited{
    background-color:#1136C1;
    color:#FFFFFF;
}
li a:hover{                                         /* 鼠标经过时 */
    background-color:#002099;                       /* 改变背景色 */
    color:#FFFF00;                                  /* 改变文字颜色 */
    border-left:12px solid yellow;
    font-weight:bold;
}
```

运行结果如下图所示。

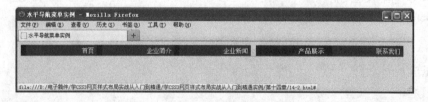

小提示

这里没有设定ul的宽度，当页面宽度不足时，li会自动换行。当窗口宽度变为不到两个a的宽度时，就完全变成竖直菜单了。通过这种方式实现菜单的横竖自由转换。

14.2 实例2——水平导航菜单

本节视频教学时间：30分钟

下面详细介绍水平导航菜单样式。

14.2.1 自适应的斜角水平菜单

在14.1节中，讲到的菜单都是方形的，实际中可以看到有很多菜单带有斜角，如下图所示，这种菜单是怎么实现的呢？

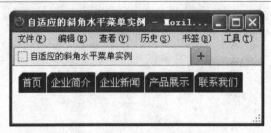

　　首先需要用边框的接角位置构造出一个斜角，然后利用到一个"钩子"的方法，挂到每个菜单项的左角。那么难点就在如何去做一个斜角。

　　(1) 创建基本页面，代码如下。

```
<!DOCTYPE html PUBLIC "-//W3C//DTD XHTML 1.0 Transitional//EN" "http://www.w3.org/TR/xhtml1/
DTD/xhtml1-transitional.dtd">
<html xmlns="http://www.w3.org/1999/xhtml">
<head>
<meta http-equiv="Content-Type" content="text/html; charset=utf-8" />
<title>自适应的斜角水平菜单实例</title>
</head>
<body>
<ul id="menu">
<li><a href="#">
        <span ></span>
                首页</a></li>
<li><a href="#">
        <span ></span>
        企业简介</a></li>
<li><a href="#">
        <span ></span>
                企业新闻</a></li>
<li><a href="#">
        <span ></span>
        产品展示</a></li>
<li><a href="#">
        <span ></span>
                联系我们]</a></li>
</ul>
</body>
</html>
```

　　在代码的每个链接中增加一个span标签，span标签的作用就是在a标签上构造一个斜角。

　　(2) 定义ul标签样式，包括字体、字号、文字对齐方式、列表类型。样式代码如下。

```
ul {                             /*定义ul样式*/
        font-family:宋体;
        font-size:14px;
        list-style-type:none;        /*取消列表样式*/
        text-align:center;
}
```

(3) 定义li样式，包括宽度、浮动方向，代码如下。

```
li{float:left;                                    /*定义li样式*/
          width:80px;
          margin:0;}
```

(4) 接下来定义li标签内部的a标签的三个伪类，样式代码如下。

```
li a, li a:visited {                              /*定义li下a的伪类*/
          display:block;
          float:left;
          width:80px;
          position:relative;
          background-color:#C00;
          color:#FFF;
          text-decoration:none;
          padding:6px;
          margin:1px 0 0 1px;
}
li a:hover{
          background-color: #F90;
          color:#333;
}
```

运行结果如下。

(5) 使span作为a标签的子标签，并定义一个斜角，样式代码如下。

```
li a span{
          height:0;
          width:0;
          border-bottom:solid 6px #C00;
          border-left:solid 6px #FFF;
          position:absolute;
          top:0;
          left:0;
          overflow:hidden;
}
li a:hover span{
          border-bottom:solid 6px #F90;
}
```

在代码中top:0;left:0;之上的代码可以产生一个斜角，top:0;left:0;用于定位，绝对定位到a标签的左上角。运行结果下图所示。

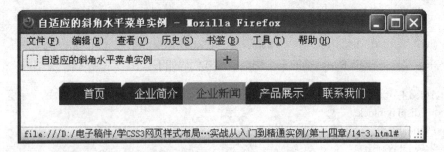

14.2.2 应用滑动门技术的玻璃效果菜单

CSS的强大不止这些，还可以实现难度更大的效果，比如实现一个玻璃材质效果的水平菜单。为了表现出立体视觉效果，可以借助背景图进行实现，效果如下图所示。

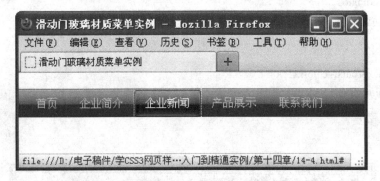

滑动门技术在前边的章节已经讲过，这里不再详细讲解。

(1) 创建框架页面，代码如下。

```
<!DOCTYPE html PUBLIC "-//W3C//DTD XHTML 1.0 Transitional//EN" "http://www.w3.org/TR/xhtml1/
DTD/xhtml1-transitional.dtd">
<html xmlns="http://www.w3.org/1999/xhtml">
<head>
<meta http-equiv="Content-Type" content="text/html; charset=utf-8" />
<title>滑动门玻璃材质菜单实例</title>
</head>
<body>
<ul>
    <li><a href="#"><span>首页</span></a></li>
    <li><a href="#"><span>企业简介</span></a></li>
    <li><a href="#"><span>企业新闻</span></a></li>
    <li><a href="#"><span>产品展示</span></a></li>
    <li><a href="#"><span>联系我们</span></a></li>
</ul>
</body>
</html>
```

小提示

从基本框架可以看出，所用标签元素与上例是一样的，只有span的作用不一样。定义样式不一样，就能产生完全不同的效果，这也是CSS最为强大的地方。

(2) 书写ul标签样式，定义字体、字号、列表类型、背景图片，样式代码如下。

```
ul{
        font-family:宋体;
        font-size:14px;
        background:url(under.gif);
        padding:0 0 0 8px;
        margin:0;
        list-style-type:none;
        height:35px;
}
```

(3) 定义li标签样式，居左浮动，样式代码如下。

```
li {
        float:left;                         /*设置li居左浮动*/
}
```

(4) 定义a标签样式，包括浮动方向、颜色、线高，a:hover时的样式背景和文字颜色，样式代码如下。

```
li a{
        display:block;                      /*a标签块状化*/
        float:left;
        line-height:35px;
        color:#DDDD;
        text-decoration:none;
        padding:0 0 0 14px;
}
li a:hover{
        color:#FFF;
        background: url(hover.gif);         /*设置变换背景*/
}
```

(5) 定义span标签样式，样式代码如下。

```
li a span{
        display:block;
        padding:0 14px 0 0;
}
li a:hover span{
        color:#FFF;
        background: url(hover.gif) no-repeat right top;
}
```

运行结果如下图所示。

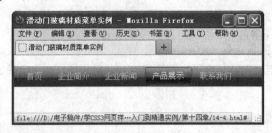

14.2.3 会跳起的多彩菜单

在平常情况下，菜单都是水平的，当鼠标经过时菜单会跳起，高度高于其他菜单，像这种效果原先只有在flash中才能实现，现在在CSS中也能实现。效果如下图所示。

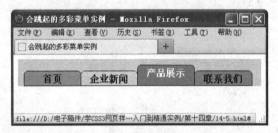

本例的难点在于如何实现菜单向上跳起，其实这只是应用了padding-bottom进行填充，并保证跳起的高度不高于父元素的高度。实例代码如下（源文件参见随书光盘中的"源文件\ch14\14-5.html"）。

```
<!DOCTYPE html PUBLIC "-//W3C//DTD XHTML 1.0 Transitional//EN" "http://www.w3.org/TR/xhtml1/
DTD/xhtml1-transitional.dtd">
<html xmlns="http://www.w3.org/1999/xhtml">
<head>
<meta http-equiv="Content-Type" content="text/html; charset=utf-8" />
<title>会跳起的多彩菜单实例</title>
<style type="text/css">
ul{                                    /*定义ul样式*/
   height:26px;
   margin:0;
   padding:10px;
   list-style-type:none;               /*取消列表样式*/
   background:#DDD;
}
.item{                                 /*进行常规设置*/
   width:100px;
   float:left;
   margin:0 -1px 0 0;                  /*这里之所以把像素设置为-1px,是希望各菜单有1像素层叠*/
   padding:0;
   font:arial 14px;
   font-weight:bold;
}
.item p{                               /*定义item节点p样式*/
   padding:0 0 2px 0;
   margin:0px;
```

```
        text-align:center;
        background:#CC6;
        border:#000 1px solid;
        border-top-width:0;
}
.item div{                          /*对圆角的4个div进行设置*/
        height:1px;
        overflow:hidden;
        background:#CC6;
        border-left:#000 1px solid;
        border-right:#000 1px solid;
}
.item .pad{
    height:10px;
    border:0;
    background:transparent;         /*背景设置成透明*/
}
.item .row1{                        /*对最上面一行设置需要覆盖共性的背景色*/
    margin:0 5px;
    background:#000;
}
.item .row2{                        /*这一行覆盖了border的属性，使它变为两个像素，从而接近圆角。*/
    margin:0 3px;
    border:0 2px;
}
.item .row3{
     margin:0 2px;                  /*定义外边框*/
 }
.item .row4{
    margin:0 1px;                   /*定义外边框*/
    height:2px;}
.item a,.item a:visited{            /*定义a伪类*/
    display:block;                  /*设置a块状化*/
    color:#000;
    text-decoration:none;           /*禁止文字下画线*/
}
.item a:hover{
    background:transparent;}
.item a:hover p{                     /*设置鼠标悬停p样式*/
    background:#884;
    color:#FFF;
    padding-bottom:12px;
}
.item a:hover .pad{
    height:0px;
}
.item a:hover .row2,
.item a:hover .row3,
```

```
.item a:hover .row4{
    background:#884;
}
.orange p,                        /*设置橘色菜单样式*/
.orange .row2,
.orange .row3,
.orange .row4{
    background:#FA0;
}
.orange a:hover p,
.orange a:hover .row2,
.orange a:hover .row3,
.orange a:hover .row4{
    background:#FA0;
}
.yellow p,                        /*定义黄色菜单样式*/
.yellow .row2,
.yellow .row3,
.yellow .row4{
    background:#FF0;
}
.yellow a:hover p,
.yellow a:hover .row2,
.yellow a:hover .row3,
.yellow a:hover .row4{
    background:#FF0;
}
.green p,                         /*定义绿色菜单样式*/
.green .row2,
.green .row3,
.green .row4{
    background:#0E0;
}
.green a:hover p,
.green a:hover .row2,
.green a:hover .row3,
.green a:hover .row4{
    background:#0E0;
}
.blue p,                          /*定义蓝色菜单样式*/
.blue .row2,
.blue .row3,
.blue .row4{
    background:#0CF;
}
.blue a:hover p,
.blue a:hover .row2,
.blue a:hover .row3,
```

```
.blue a:hover .row4{
    background:#0CF;
}
</style>
</head>
<body>
<ul>
<li class="item orange"><a href="#">                    /*橘色菜单*/
<div class="pad"></div>
<div class="row1"></div>
<div class="row2"></div>
<div class="row3"></div>
<div class="row4"></div>
<p>首页</p>
</a>
</li>
<li class="item yellow"><a href="#">                    /*黄色菜单*/
<div class="pad"></div>
<div class="row1"></div>
<div class="row2"></div>
<div class="row3"></div>
<div class="row4"></div>
<p>企业新闻</p>
</a>
</li>
<li class="item green"><a href="#">                    /*绿色菜单*/
<div class="pad"></div>
<div class="row1"></div>
<div class="row2"></div>
<div class="row3"></div>
<div class="row4"></div>
<p>产品展示</p>
</a>
</li>
<li class="item blue"><a href="#">                    /*蓝色菜单*/
<div class="pad"></div>
<div class="row1"></div>
<div class="row2"></div>
<div class="row3"></div>
<div class="row4"></div>
<p>联系我们</p>
</a>
</li>
</ul>
</body>
</html>
```

在代码<div class="pad"></div>中，pad类选择器高度为10px，并且是透明的，当鼠标经过时，高度值为零，而此时文字p的padding-bottom值加10px，产生向上跳起现象。另外，代码<div class="row1"></div><div class="row2"></div><div class="row3"></div><div class="row4"></div>用于制作圆角。这个知识点在以后的章节具体讲解，这里略过。

14.3 实例3——竖直排列的导航菜单

本节视频教学时间：43分钟

下面详细介绍竖直排列的导航菜单样式。

14.3.1 双竖线菜单

双竖线菜单在菜单的两边有两个边线，如下图所示。

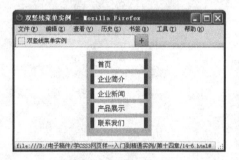

双竖线是通过padding-left与padding-right样式实现的。步骤如下。
(1) 建立基本框架页，代码如下。

```
<!DOCTYPE html PUBLIC "-//W3C//DTD XHTML 1.0 Transitional//EN" "http://www.w3.org/TR/xhtml1/
DTD/xhtml1-transitional.dtd">
<html xmlns="http://www.w3.org/1999/xhtml">
<head>
<meta http-equiv="Content-Type" content="text/html; charset=utf-8" />
<title>双竖线菜单实例</title>
</head>
<body>
<ul>
  <li><a href="#">首页</a></li>
  <li><a href="#">企业简介</a></li>
  <li><a href="#">企业新闻</a></li>
  <li><a href="#">产品展示</a></li>
  <li><a href="#">联系我们</a></li>
</ul>
</body>
</html>
```

(2) 书写ul标签样式，定义宽度、字体、字号、背景颜色、边框属性，代码如下。

```
ul{
    width:120px;                          /*宽*/
    font-size:14px;                       /*字体大小*/
    background-color:#CCC;                /*背景颜色*/
    margin:0 auto;                        /*水平居中*/
    padding:8px;                          /*内边距*/
    list-style-type:none;
}
```

(3) 制作a标签样式，代码如下。

```
ul a,ul a:visited{                        /*链接样式*/
    display:block;                                /*按块显示*/
    background-color:#FFF;
    height:16px;                          /*导航的高度*/
    padding:4px 8px;                      /*上下边距、左右边距*/
    text-decoration:none;                 /*没有下画线*/
    margin:8px 0;                         /*外边距*/
    border-left:8px solid green;          /*左边框*/
    border-right:8px solid green;         /*右边框*/
    color:#000;                           /*字体颜色*/
}
a:hover {
    color:red;
    border-left:8px solid red;
    border-right:8px solid red;
}
```

在代码中使a标签块状化，并设置左右填充宽度和颜色样式。运行结果如下图所示。

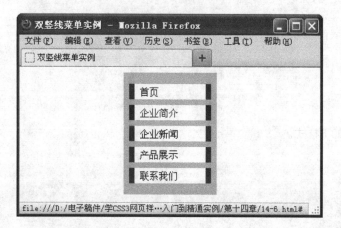

14.3.2 双斜角横线菜单

像水平菜单一样，竖直菜单也可以做成斜角效果，如下图所示。

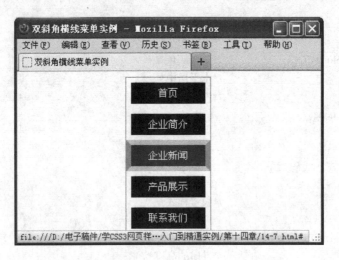

在双斜角横线中使border的上下和左右颜色值不同，形成视觉差的效果。

(1) 建立基本框架文件，代码如下。

```
<!DOCTYPE html PUBLIC "-//W3C//DTD XHTML 1.0 Transitional//EN" "http://www.w3.org/TR/xhtml1/
DTD/xhtml1-transitional.dtd">
<html xmlns="http://www.w3.org/1999/xhtml">
<head>
<meta http-equiv="Content-Type" content="text/html; charset=utf-8" />
<title>双斜角横线菜单实例</title>
</head>
<body>
<div id="menu">
   <a href="#">首页</a>
   <a href="#">企业简介</a>
   <a href="#">企业新闻</a>
   <a href="#">产品展示</a>
   <a href="#">联系我们</a>
</div>
</body>
</html>
```

(2) 对div盒子设置如下样式。

```
#menu{
   width:120px;                    /*宽度*/
   margin:0 auto;                  /*水平居中*/
   font-family:宋体;                /*字体*/
   font-size:14px;                 /*字号*/
   border:1px solid #AAA;          /*细灰色边框*/
   text-align:center;
   background-color:blue;
}
```

(3) 设置a标签样式，代码如下。

```
#menu a, #menu a:visited{              /*设置菜单选项*/
   display:block;                      /*设置为块级元素*/
   text-decoration:none;               /*无下画线*/
   color:white;                        /*白色文字*/
   line-height:30px;                   /*高度*/
   border:0.5em solid #FFF;            /*白色背景，防止跳动*/
}
#menu a:hover{
   color:#FFF;
   background-color:green;             /*绿色背景色*/
   border-color:#DDD #AAA;             /*上下边框浅灰色，左右与背景色相同*/
}
```

运行结果如下图所示。

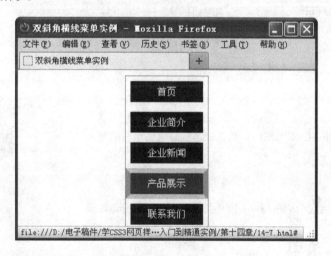

14.3.3 立体菜单

上面提到，即使是同样的框架代码，仅通过改变样式就能实现不一样的效果，这里使用上节的框架，变换一下样式，形成立体菜单，效果如下图所示。

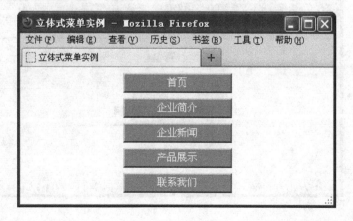

实现原理也是使用boder的边框样式。样式代码如下（源文件参见随书光盘中的"源文件\ch14\14-8.html"）。

```
<style>
#menu {
    font-family:宋体;                          /*字体*/
    font-size:14px;                           /*字号*/
}
#menu a,#menu a:visited {
    text-decoration:none;                     /*无下画线*/
    text-align:center;                        /*文字水平居中*/
    color:#FFF;                               /*文字颜色*/
    display:block;                            /*设置块级元素*/
    width:10em;                               /*宽度*/
    padding:0.25em;                           /*内边距*/
    margin:0.5em auto;                        /*菜单项之间间隔0.5em，并水平居中*/
    background-color:#8AB;                    /*背景色*/
    border:2px solid #FFF;                    /*边框*/
    border-color:#DEF #678 #345 #CDE;         /*边框颜色显示突起效果*/
    position:relative;                        /*使用相对定位*/
}
#menu a:hover{
    top:2px;                                  /*向下移动两像素*/
    left:2px;                                 /*向右移动两像素*/
    border-color:#345 #CDE #DEF #678;         /*边框颜色显示凹陷效果*/
}
```

在代码中，通过给四个边框赋不同的相邻颜色值产生凹陷效果。

14.3.4 箭头菜单

箭头菜单也是使用"钩子"的原理制作的，效果如下图所示。

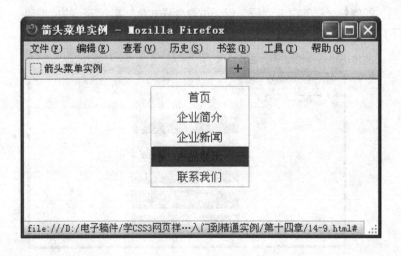

(1) 制作基本框架文件，代码如下。

```
<!DOCTYPE html PUBLIC "-//W3C//DTD XHTML 1.0 Transitional//EN" "http://www.w3.org/TR/xhtml1/
DTD/xhtml1-transitional.dtd">
<html xmlns="http://www.w3.org/1999/xhtml">
<head>
<meta http-equiv="Content-Type" content="text/html; charset=utf-8" />
<title>箭头菜单实例</title>
</head>
<body>
<div id="menu">
    <a href="#"><span class="left"></span>首页</a>
    <a href="#"><span class="left"></span>企业简介</a>
    <a href="#"><span class="left"></span>企业新闻</a>
    <a href="#"><span class="left"></span>产品展示</a>
    <a href="#"><span class="left"></span>联系我们</a>
</div>
</body>
</html>
```

(2) 书写div和a标签的样式，代码如下。

```
#menu {
    font-family:宋体;                    /*字体*/
    font-size:14px;
    margin:0 auto;                       /*居中对齐*/
    border:solid 1px #CCC;
    width:120px;
}
#menu a,#menu a:visited{
    text-decoration:none;                /*禁止下画线*/
    text-align:center;                   /*居中*/
    color:#C00;
    display:block;                       /*a标签块状化*/
    padding:4px;
    background-color:#FFF;
    border:1px solid #FFF;               /*白色边框*/
    height:1em;
    position:relative;
}
#menu a:hover{                           /*鼠标悬停时样式*/
    border-color:red;
    background-color:green;
}
```

(3) 制作span箭头效果，样式代码如下。

```
#menu a:hover span{
    display:block;                              /*a标签块状化*/
    height:0;
    width:0;
    overflow:hidden;                            /*防止溢出*/
    border:solid 8px green;
    top:4px;                                    /*设置竖直方向的定位*/
    position:absolute;                          /*绝对定位*/
}
#menu a:hoverspan.left{
    border-left-color:red;
    left:8px;
}
```

运行结果如下图所示。

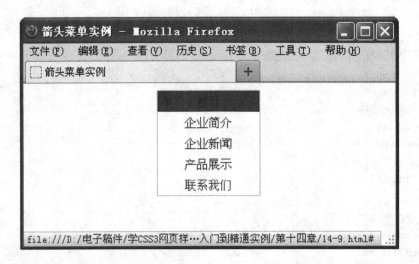

14.3.5 带说明信息的菜单

带说明信息的菜单在菜单项之外出现一行介绍性的文字，带说明信息的菜单实际上也是"钩子"的应用，不过是斜角或者箭头换成了文字。这里以上例的结果为框架。

(1) 在框架中新加一个span标签，代码如下。

```
<div id="menu">
<a href="#"><span class="left"></span>首页<span class="desc">这里是首页</span></a>
<a href="#"><span class="left"></span>企业简介<span class="desc">这里是企业简介</span></a>
<a href="#"><span class="left"></span>企业新闻<span class="desc">这里是企业新闻</span></a>
<a href="#"><span class="left"></span>产品展示<span class="desc">这里是产品展示</span></a>
<a href="#"><span class="left"></span>联系我们<span class="desc">这里是联系我们</span></a>
</div>
```

(2) 在样式表中增加desc类选择器代码。

```
#menu a span.desc,#menu a:visited span.desc{
    display:none
}
#menu a:hover span.desc{
    display:block;                      /*a标签块状化*/
    position:absolute;                  /*绝对定位*/
    color:#000;
    border:1px dashed #000;             /*设置边框样式*/
    width:80px;
    height:auto;
    top:0px;                            /*定位坐标*/
    left:120px;                         /*定位坐标*/
    background-color:#EEE;
}
```

运行结果下图所示。

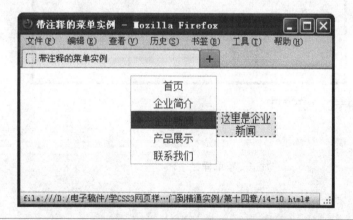

14.4 实例4——下拉菜单

本节视频教学时间：20分钟

下拉菜单在网页制作中也非常广泛，下面通过一个实例介绍下拉菜单的实现方法。

(1) 建立基本框架页，代码如下。

```
<!DOCTYPE html PUBLIC "-//W3C//DTD XHTML 1.0 Transitional//EN" "http://www.w3.org/TR/xhtml1/
DTD/xhtml1-transitional.dtd">
<html xmlns="http://www.w3.org/1999/xhtml">
<head>
<meta http-equiv="Content-Type" content="text/html; charset=utf-8" />
<title>下拉菜单实例</title>
</head>
<body>
```

```
<ul id="menu">                                    /*定义ul无序列*/
   <li>
     <dl>                                         /*定义dl列表*/
        <dt class="red"><a href="#">企业新闻</a></dt>
        <dd><a href="#">视频新闻</a></dd>
        <dd><a href="#">领导动态</a></dd>
        <dd ><a href="#">行业新闻</a></dd>
     </dl>
   </li>
</ul>
</body>
</html>
```

此时效果如下图所示，是一个无序列表。

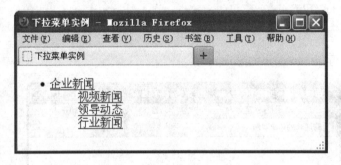

(2) 添加各标签的样式，代码如下。

```
<style type="text/css">
#menu{                          /*定义菜单样式*/
   margin:0;
   padding:0;
   list-style-type:none;                   /*禁止列表样式*/
   font:宋体 14px;
}
#menu li{                       /*定义li样式*/
   float:left;
   width:150px;
   padding:0px;
   margin:0 1px 0 0;
 }
#menu li dl{                                /*定义dl列表*/
   width:150px;
   margin:0px;
   padding:0 0 10px 0;
}
#menu li:hover dd{
   display:block;                          /*行元素块状化*/
```

```
    }
    #menu li dl dt{                           /*设置二级菜单样式*/
        margin:0;
        padding:5px;
        text-align:center;
        border-bottom:1px solid red;
    }
    #menu li dl dt.red{
        background-color:red;                 /*设置背景颜色*/
    }
    #menu dt a,#menu dt a:visited{
        display:block;
        color:white;
        text-decoration:none;                 /*取消下画线样式*/
    }
    #menu li dd{                              /*定义二级菜单样式*/
        margin:0;
        padding:0;
        color:#FFF;
        text-decoration:none;
        text-align:center;
        background:#47A;
    }
    #menu li dl dd a,#menu li dl dd a:visited{  /*定义二级菜单a的伪类*/
        display:block;
        color:#FFF;
        padding:4px 5px 4px 5px;
    }
    #menu li dl dd.last{                      /*定义最后一个菜单样式*/
        border-bottom:1px solid red;
    }
    #menu li dd{
        display:none;                         /*设置dd块状化*/
    }
    #menu li:hover dd,#menu li a:hover dd{
        display:block;
    }
    #menu li:hover,#menu li a:hover{
        border:0;
    }
    #menu li dl dd a:hover{
        background-color:blue;
        color:white;
    }
</style>
```

在代码中通过使用dd,dt,dl标签建立一级菜单与二级菜单的关系，它们共同作用来表达一个列表。运行结果如下图所示。

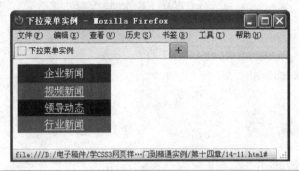

举一反三

本章我们介绍了钩子的作用，可以用它来实现斜角和带说明信息的菜单，灵活运用钩子的作用可以实现很多效果。在14.3.4节中实现单箭头菜单，只需要稍作修改就能实现双箭头菜单。添加样式代码如下。

```
#menu a:hover span.right{
    border-right-color:#C00;
    right:8px;
}
```

修改后的框架代码如下。

```
<div id="menu">
    <a href="#"><span class="left"></span>首页<span class="right"></span></a>
    <a href="#"><span class="left"></span>企业简介<span class="right"></span></a>
    <a href="#"><span class="left"></span>企业新闻<span class="right"></span></a>
    <a href="#"><span class="left"></span>产品展示<span class="right"></span></a>
    <a href="#"><span class="left"></span>联系我们<span class="right"></span></a>
</div>
```

运行后的结果如下图所示。

高手私房菜

技巧：正确的标签嵌套方法

对于初学者来说，不知道标签嵌套规则，可能会随意嵌套。但这些HTML的嵌套是有一定规则的，有一个基本原则就是不能把块元素混在行元素中。记住这一条，在平常的制作中就能减少很多犯错。

第15章
固定宽度布局

 本章视频教学时间：1 小时 25 分钟

CSS 的排版是一种全新的排版理念，与传统的表格排版布局完全不同，它首先在页面上分块，然后应用CSS属性重新定位。在本章中，我们就固定宽度布局进行深入讲解，使读者能够熟练掌握这些方法。

【学习目标】

通过本章的学习，掌握固定宽度布局制作的两种方式。

【本章涉及知识点】

单列布局

圆角框的实现

魔术布局的设计

15.1 CSS排版观念

本节视频教学时间：5分钟

在过去使用表格布局的时候，从设计的最开始阶段，就要确定页面的布局形式。由于使用表格来进行布局，一旦确定下来就无法再更改了，因此有极大的缺陷。使用CSS布局则完全不同，设计者首先考虑的不是如何分割网页，而是从网页内容的逻辑关系出发，区分出内容的层次和重要性。然后根据逻辑关系，把网页的内容使用DIV或其他适当的HTML标记组织好，再考虑网页的形式如何与内容相适应。

实际上，即使是很复杂的网页，也都是一个模块一个模块逐步搭建起来的。下面我们将以一些访问量非常大的网站为例，看看它们都是如何布局的。

15.1.1 MSN的首页

下图显示的是微软公司的msn.com的首页。

msn.com是全世界访问量前3名的网站，内容繁多。从网页布局角度来说，其实并不复杂，可以简单地划分一下区域，如下图所示。

这是一个内容宽度固定，水平居中放置的页面，顶部是一组通栏的内容，它的下面分为左右两栏，各自独立，互不干扰。最下面是页脚，用来放置版权信息等内容。

15.1.2 Hao123的首页

再来看看国内Hao123.com的首页布局情况，如下图所示。

Hao123.com的页面大体上是一个两栏布局，右边的边框重复两次。

15.1.3 Yahoo的首页

Yahoo.com是互联网发展中的一个标杆，然而它的页面也是非常简洁，如下图所示。

它是一个左中右的结构，这是一个典型的"1-3-1"布局。

15.2 实例1——单列布局

本节视频教学时间：27分钟

单列布局是最简单的一种布局形式。通过这个例子，也能帮助用户深入掌握前面章节用到的圆角框的制作方法。实现的效果如下图所示（源文件参见随书光盘中的"源文件\ch15\15-1.html"）。

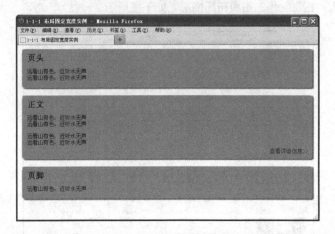

15.2.1 放置第一个圆角框

先在页面中放置第一个圆角框，HTML代码如下。

```
<!DOCTYPE html PUBLIC "-//W3C//DTD XHTML 1.0 Transitional//EN" "http://www.w3.org/TR/xhtml1/
DTD/xhtml1-transitional.dtd">
<html xmlns="http://www.w3.org/1999/xhtml">
<head>
<meta http-equiv="Content-Type" content="text/html; charset=utf-8" />
<title>1-1-1 布局固定宽度实例</title>
</head>
<body>
  <div class="rounded">
          <h2>页头</h2>
          <div class="main">
          <p>
          远看山有色，近听水无声<br/>
          远看山有色，近听水无声</p>
          </div>
          <div class="footer">
          <p></p>
          </div>
    </div>
</body>
</html>
```

代码中这组<div>……</div>之间的内容是固定结构的，其作用就是实现一个可以变化宽度的圆角框。要修改内容，只需要修改相应的文字内容或者增加其他图片内容即可。

小提示

这组代码结构可以作为素材库，在需要的时候直接拿来并修改相应内容就行了。

15.2.2 设置圆角框的CSS样式

为了实现圆角框效果，加入如下样式代码。

```
body {                                /*设置页面整体样式*/
background: #FFF;
font: 14px 宋体;
margin:0;
padding:0;
}
.rounded {                            /*定义圆角样式*/
  background: url(images/left-top.gif)   top left no-repeat;
  width:100%;
  }
.rounded h2 {                         /*定义圆角中h2标签*/
  background:url(images/right-top.gif)  top right no-repeat;
  padding:20px 20px 10px;
  margin:0;
  }
.rounded .main {                      /*设置正文内容样式*/
  background:url(images/right.gif) top right repeat-y;
  padding:10px 20px;
  margin:-20px 0 0;
  }
.rounded .footer {                    /*设置底部样式*/
  background:url(images/left-bottom.gif) bottom left no-repeat;
  }
.rounded .footer p {                  /*设置底部文字样式*/
  color:red;
  text-align:right;
  background:url(images/right-bottom.gif) bottom right no-repeat;
  display:block;
  padding:10px 20px 20px;
  margin:-20px 0 0;
  font:0/0;
  }
```

在代码中定义了整个盒子的样式，如文字大小等，其后的5段以.rounded开头的CSS样式都是为实现圆角框进行的设置。这段CSS代码在后面的制作中，都不需要调整，直接放置在<style></style>之间即可。页面效果如下图所示。

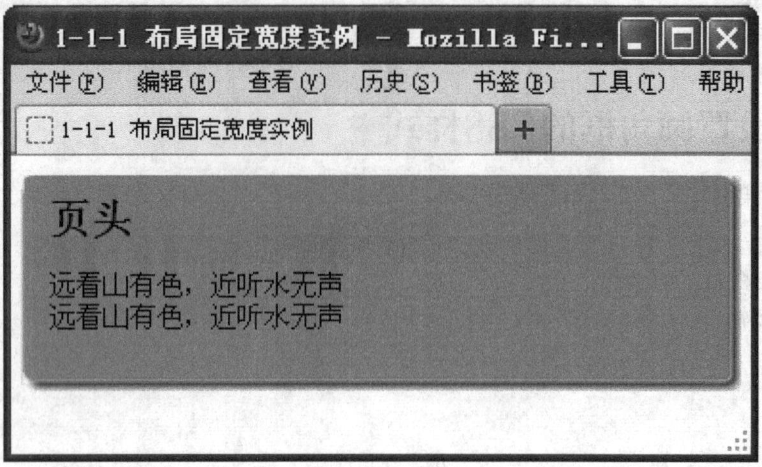

接下来给它设置固定的宽度，这个宽度不要设置在“.rounded”相关的CSS样式中，因为该样式会被页面中的各个部分公用，如果设置了固定宽度，其他部分就不能正确显示了。

因此，应该为该圆角框单独设置一个id，把针对它的CSS样式放到这个id的样式定义部分。设置margin实现在页面中居中，并用width属性确定固定宽度，代码如下。

```
#header {
margin:0 auto;
width:760px;
}
```

在HTML部分的<div class="rounded"></div>的外面套一个div，代码如下。

```
<div id="header">
  <div class="rounded">
          <h2>页头</h2>
          <div class="main">
          <p>
          远看山有色，近听水无声<br/
          远看山有色，近听水无声</p>
          </div>
          <div class="footer">
          <p></p>
          </div>
  </div>
</div>
```

运行结果如下图所示。

15.2.3 放置其他圆角框

上一小节已经成功地完成一个圆角，接下来看看怎么复用这段代码。将放置的圆角框再复制出两个，并分别设置id为"content"和"pagefooter"，分别代表"内容"和"页脚"。完整的页面框架代码如下。

```
<div id="header">                              /*设置头部div布局*/
  <div class="rounded">                        /*使用圆角样式*/
          <h2>页头</h2>
          <div class="main">
          <p>
          远看山有色，近听水无声<br/>
          远看山有色，近听水无声 </p>
          </div>
          <div class="footer">
          <p></p>
</div>
  </div>
</div>
<div id="content">                             /*设置正文div布局*/
  <div class="rounded">                        /*使用圆角样式*/
          <h2>正文</h2>
          <div class="main">
          <p>
          远看山有色，近听水无声<br />
          远看山有色，近听水无声</p>
          </div>
          <div class="footer">
          <p>
          查看详细信息&gt;&gt;
          </p>
          </div>
  </div>
</div>
<div id="pagefooter">                          /*设置页脚div布局*/
  <div class="rounded">                        /*使用圆角样式*/
          <h2>页脚</h2>
          <div class="main">
          <p>
```

```
        远看山有色，近听水无声
        </p>
        </div>
        <div class="footer">
        <p>
        </p>
        </div>
    </div>
</div>
```

增加的样式代码如下。

```
#header,#pagefooter,#content{
margin:0 auto;
width:760px;}
```

每一个部分中的内容可以随意修改，例如更改每一个部分的标题，以及相应的内容，也可以把段落文字彻底删掉，效果如下图所示。

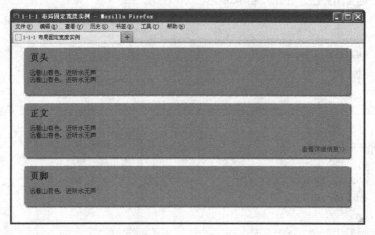

从CSS代码中可以看到，3个div的宽度都设置为固定值760像素，并且通过设置margin的值来实现居中放置，即左右margin都设置为auto。

15.3 实例2——"1-2-1"固定宽度布局

本节视频教学时间：16分钟

现在来制作最经常用到的"1-2-1"布局，如下图所示。

header	
content	side
pagefooter	

在布局结构中，增加了一个"side"栏。但是在通常状况下，两个div只能竖直排列。为了让content和side能够水平排列，必须把它们放到另一个div中，然后使用浮动或者绝对定位的方法，使content和side并列起来。下面开始动手制作实例。

15.3.1 准备工作

这一步用上节完成的结果作为素材，在HTML中把content部分复制出一个新的，这个新的id设置为side。然后在它们的外面套一个div，命名为"container"，修改部分的框架代码如下。

```
<div id="container">                           /*布局容器*/
<div id="content">                             /*左边内容*/
   <div class="rounded">
            <h2>正文1</h2>
            <div class="main">
            <p>
            远看山有色，近听水无声<br />
            远看山有色，近听水无声
            </p>
            </div>
            <div class="footer">
            <p>
            查看详细信息&gt;&gt;
            </p>
            </div>
   </div>
</div>
<div id="side">                                 /*右边内容*/
   <div class="rounded">
            <h2>正文2</h2>
            <div class="main">
            <p>
            远看山有色，近听水无声<br />
            远看山有色，近听水无声
            </p>
            </div>
            <div class="footer">
            <p>
            查看详细信息&gt;&gt;
            </p>
            </div>
   </div>
</div>
</div>
```

修改部分的CSS样式，代码如下。

```
#header,#pagefooter,#container{
margin:0 auto;                              /*设置页面居中*/
width:760px;}
#content{}
#side{}
```

#container、#header、#pagefooter并列使用相同的样式，#content、#side的样式暂时先空着，这时的效果如下图所示。

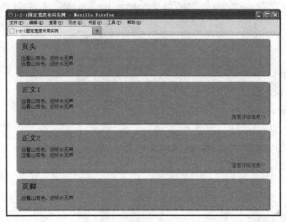

此时的文件保存为15-2.html。现在的关键是如何使content和side两个div横向并列，这里有不同的方法可以实现。

15.3.2 绝对定位法

首先我们用绝对定位的方法实现，相关代码如下（源文件参见随书光盘中的"源文件\ch15\15-3.html"）。

```
#header,#pagefooter,#container{
 margin:0 auto;                             /*页面居中*/
 width:760px;}
#container{
 position:relative; }                       /*设置定位参考*/
#content{
   position:absolute;                       /*绝对定位*/
   top:0;
   left:0;
   width:500px;
}
#side{
   margin:0 0 0 500px;
}
```

为了使#content能够使用绝对定位，必须考虑用哪个元素作为它的定位基准。显然应该是container这个div。因此将#contatiner的position属性设置为relative，使它成为下级元素的绝对定位基准，然后将#content这个div的position设置为absolute,即绝对定位，这样它就脱离了标准流，#side就会向上移动占据原来#content所在的位置。将#content的宽度和#side的左margin设置为相同的数值，就正好可以保证它们并列紧挨着放置，且不会相互重叠。运行结果如下图所示。

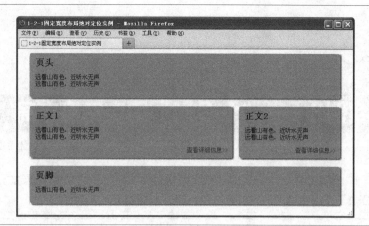

15.3.3 浮动法

打开随书光盘中的"源文件\ch15\15-2.html"文件，在CSS样式部分，稍作修改，加入如下样式代码。

```
#content{
    float:left;                      /*居左浮动*/
    width:500px;                     /*设置宽度*/
}
#side{
    float:left;                      /*居左浮动*/
    width:260px;                     /*设置宽度*/
}
```

到这里"1-2-1"布局方式已经完成，运行结果如下图所示。

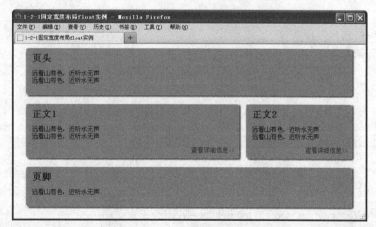

这种方法非常灵活，例如要side从页面右边移到左边，即交换与content的位置，只需要稍微修改一下CSS代码，即可以实现，代码如下。

```
#content{
    float:right;             /*居右浮动*/
    width:500px;
}
```

```
#side{
    float:left;                    /*居左浮动*/
    width:260px;
}
```

15.4 实例3——"1-3-1"固定宽度布局

掌握"1-2-1"布局之后，"1-3-1"布局就很容易实现了，这里使用浮动方式来排列横向并排的3栏，在"1-2-1"布局中增加一列就可以了，框架布局如下。

header		
left	content	side
pagefooter		

制作过程与"1-1-1"到"1-2-1"布局转换一样，只要控制好#left、#content、#side这3栏都使用浮动方式，3列的宽度之和正好等于总宽度。具体过程不再详述，制作完之后的代码如下（源文件参见随书光盘中的"源文件\ch15\15-5.html"）。

```
<!DOCTYPE html PUBLIC "-//W3C//DTD XHTML 1.0 Transitional//EN" "http://www.w3.org/TR/xhtml1/
DTD/xhtml1-transitional.dtd">
<html xmlns="http://www.w3.org/1999/xhtml">
<head>
<meta http-equiv="Content-Type" content="text/html; charset=utf-8" />
<title>1-3-1固定宽度布局float实例</title>
<style type="text/css">
body {                                        /*设置页面整体样式*/
    background: #FFF;
    font: 14px 宋体;
    margin:0;
    padding:0;
}
.rounded {
    background: url(images/left-top.gif)   top left no-repeat;
    width:100%;                               /*设置宽度*/
 }
.rounded h2 {                                 /*设置h2信息*/
    background:url(images/right-top.gif) top right no-repeat;
    padding:20px 20px 10px;
    margin:0;
 }
.rounded .main {                              /*设置圆角主体样式*/
    background:url(images/right.gif) top right repeat-y;
    padding:10px 20px;
    margin:-20px 0 0;
 }
```

```
.rounded .footer {                                          /*设置圆角底部样式*/
    background:url(images/left-bottom.gif) bottom left no-repeat;
}
.rounded .footer p {                                        /*设置圆角底部段落样式*/
    color:red;
    text-align:right;
    background:url(images/right-bottom.gif) bottom right no-repeat;
    display:block;
    padding:10px 20px 20px;
    margin:-20px 0 0;
    font:0/0;
}
#header,#pagefooter,#container{
    margin:0 auto;                                          /*页面居中*/
    width:760px;
}
#left{
    float:left;
    width:200px;
}
#content{
    float:left;
    width:300px;
}
#side{
    float:left;
    width:260px;
}
#pagefooter{
    clear:both;                                             /*清除浮动*/
}
</style>
</head>
<body>
<div id="header">                                            /*页头*/
    <div class="rounded">
            <h2>页头</h2>
            <div class="main">
            <p>
            远看山有色，近听水无声<br/>
            远看山有色，近听水无声 </p>
            </div>
            <div class="footer">
            <p></p>
            </div>
    </div>
```

```
    </div>
    <div id="container">
    <div id="left">                              /*正文（左）布局*/
      <div class="rounded">
            <h2>正文</h2>
            <div class="main">
            <p>
            远看山有色，近听水无声<br />
            远看山有色，近听水无声
            </p>
            </div>
            <div class="footer">
            <p>
            查看详细信息&gt;&gt;
            </p>
            </div>
      </div>
    </div>
    <div id="content">                           /*正文1（中）布局*/
      <div class="rounded">
            <h2>正文1</h2>
            <div class="main">
            <p>
            远看山有色，近听水无声<br />
            远看山有色，近听水无声
            </p>
            </div>
            <div class="footer">
            <p>
            查看详细信息&gt;&gt;
            </p>
            </div>
      </div>
    </div>
    <div id="side">                              /*正文2（右）布局*/
      <div class="rounded">
            <h2>正文2</h2>
            <div class="main">
            <p>
            远看山有色，近听水无声<br />
            远看山有色，近听水无声
            </p>
            </div>
            <div class="footer">
            <p>
            查看详细信息&gt;&gt;
```

```
            </p>
        </div>
    </div>
</div>
</div>
<div id="pagefooter">                        /*页脚布局*/
    <div class="rounded">
        <h2>页脚</h2>
        <div class="main">
        <p>
        远看山有色，近听水无声
        </p>
        </div>
        <div class="footer">
        <p>
        </p>
        </div>
    </div>
</div>
</div>
</body>
</html>
```

运行结果如下图所示。

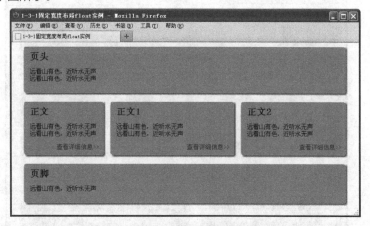

15.5 实例4——魔术布局

本节视频教学时间：26分钟

魔术布局是指框架能适应屏幕的宽度发生改变，比如在800×768分辨率下是"1-3-1"显示方式，当分辨率调整到600×468时，框架自动变成"1-2-1"布局。

15.5.1 魔术布局设计

仍以前面的案例为基础，通过一些简单的改造，实现下面的效果。首先，当浏览器超过800像素宽的时候，页面内容宽度固定为800像素，并居中显示，如下图所示。

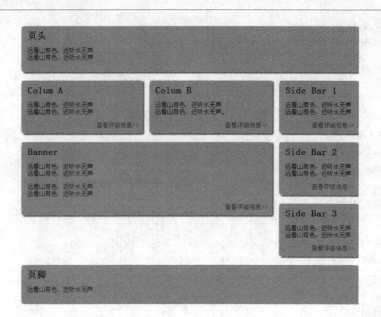

当浏览器窗口逐渐变窄，小于800像素的时候，右侧的1个竖直排列的模块会自动移到左侧的下面横向排列，如下图所示。如果浏览器窗口的宽度小于600像素时，页面的内容不再变窄，而是在浏览器下端出现横向滚动条。

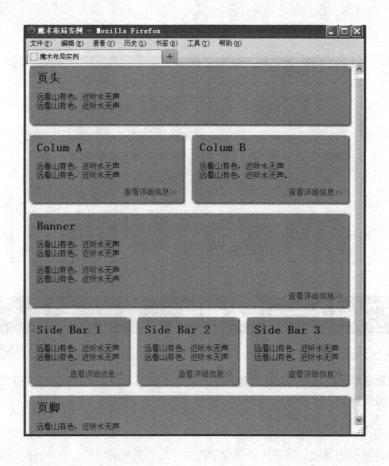

15.5.2　制作魔术布局

下面具体介绍如何实现这个效果。从结构来分析，在浏览器窗口宽于800像素时，布局结构为"1-3-1"，当浏览器窗口窄于800像素时，其布局结构为"1-2-1"。

第一步：构造"1-3-1"布局页面，这一步很容易实现。

第二步：原来在右侧的是一个id为side的div，会导致在side中的各个div都按照标准流方式排列，需要把side由id选择器变为类别选择器。

第三步：根据现有页面调整宽度。

完成后的代码如下。

```
<!DOCTYPE html PUBLIC "-//W3C//DTD XHTML 1.0 Transitional//EN" "http://www.w3.org/TR/xhtml1/
DTD/xhtml11-transitional.dtd">
<html xmlns="http://www.w3.org/1999/xhtml">
<head>
<meta http-equiv="Content-Type" content="text/html; charset=utf-8" />
<title>魔术布局实例</title>
<style type="text/css">
body {                                    /*整体页面样式*/
    background: #FFF;
    font: 14px 宋体;
    margin:0;
    padding:0;
}
.rounded {                                /*设置圆角样式*/
    background: url(images/left-top.gif)   top left no-repeat;
    width:100%;
}
.rounded h2 {                             /*标题样式*/
    background:url(images/right-top.gif) top right no-repeat;
    padding:20px 20px 10px;
    margin:0;
}
.rounded .main {                          /*圆角主体样式*/
    background:url(images/right.gif) top right repeat-y;
    padding:10px 20px;
    margin:-20px 0 0;
}
.rounded .footer {                        /*圆角底部样式*/
    background:url(images/left-bottom.gif) bottom left no-repeat;
}
.rounded .footer p {                      /*圆角底部段落样式*/
    color:red;
    text-align:right;
    background:url(images/right-bottom.gif) bottom right no-repeat;
    display:block;
```

```
        padding:10px 20px 20px;
        margin:-20px 0 0 0;
        font:0/0;
    }
#header,#pagefooter,#container{
        margin:0 auto;                              /*页面居中*/
        width:100%;
    }
#content{
        float:left;
        width:600px;
    }
 #container #content{
        float:left;
        width:600px;
    }
#container #content #col-b,
#container #content #col-a {
        float:left;
        width:300px;
    }
. #container .side{
        float:left;
        width:200px;
    }
#container #content #banner,
#pagefooter{
        clear:both;                                 /*清除浮动*/
    }
</style>
</head>
<body>
 <div id="header">                                  /*头部布局*/
    <div class="rounded">
            <h2>页头</h2>
            <div class="main">
            <p>
            远看山有色，近听水无声<br/>
            远看山有色，近听水无声 </p>
            </div>
            <div class="footer">
            <p></p>
            </div>
    </div>
</div>
<div id="container">                                    /*主体布局*/
    <div id="content">
```

```html
<div id="colums">
    <div id="col-a">
        <div class="rounded">
            <h2>Colum A</h2>
            <div class="main">
            <p>远看山有色，近听水无声<br/>
            远看山有色，近听水无声</p>
            </div>
            <div class="footer">
            <p>
            查看详细信息&gt;&gt;
            </p>
            </div>
        </div>
    </div><!-- end of col-a -->
    <div id="col-b">
        <div class="rounded">
            <h2>Colum B</h2>
            <div class="main">
            <p>远看山有色，近听水无声<br/>
            远看山有色，近听水无声。</p>
            </div>
            <div class="footer">
            <p>
            查看详细信息&gt;&gt;
            </p>
            </div>
        </div>
    </div><!-- end of col-b -->
</div><!-- end of colums -->
<div id="banner">
    <div class="rounded">
        <h2>Banner</h2>
        <div class="main">
        <p>远看山有色，近听水无声<br/>
        远看山有色，近听水无声</p>
        <p>远看山有色，近听水无声<br/>
        远看山有色，近听水无声</p>
        </div>
        <div class="footer">
        <p>
        查看详细信息&gt;&gt;
        </p>
        </div>
    </div>
</div><!-- end of banner -->
</div><!-- end of content -->
```

```
        <div class="side">
                <div class="rounded">
                        <h2>Side Bar 1</h2>
                        <div class="main">
                        <p>远看山有色，近听水无声<br/>
                        远看山有色，近听水无声</p>
                        </div>
                        <div class="footer">
                        <p>
                        查看详细信息&gt;&gt;
                        </p>
                        </div>
                </div>
        </div>
        <div class="side">
                <div class="rounded">
                        <h2>Side Bar 2</h2>
                        <div class="main">
                        <p>远看山有色，近听水无声<br/>
                        远看山有色，近听水无声</p>
                        </div>
                        <div class="footer">
                        <p>
                        查看详细信息&gt;&gt;
                        </p>
                        </div>
                </div>
        </div>
        <div class="side">
                <div class="rounded">
                        <h2>Side Bar 3</h2>
                        <div class="main">
                        <p>远看山有色，近听水无声<br/>
                        远看山有色，近听水无声</p>
                        </div>
                        <div class="footer">
                        <p>
                        查看详细信息&gt;&gt;
                        </p>
                        </div>
                </div>
        </div><!-- end of side -->
</div><!-- end of container -->
<div id="pagefooter">
    <div class="rounded">
            <h2>页脚</h2>
```

```
                <div class="main">
                <p>
                远看山有色，近听水无声
                </p>
                </div>
                <div class="footer">
                <p>
                </p>
                </div>
        </div>
</div>
</body>
</html>
```

运行结果如下图所示。

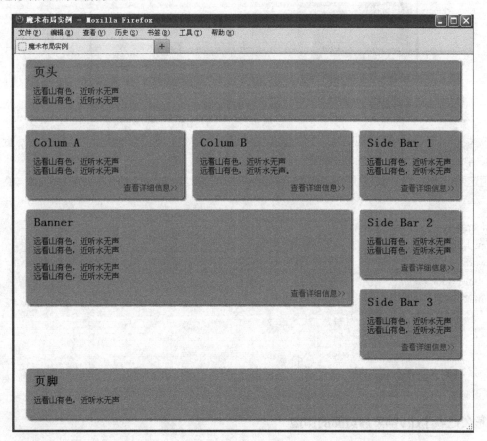

15.5.3 修正缺陷

在上例的结果中，如果把窗口缩小到600像素会出现下图所示错乱情况。

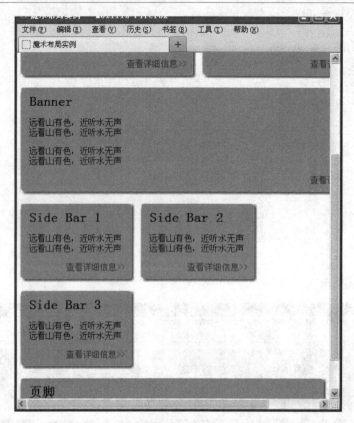

在拉大到一定宽度也会出现错乱，为了避免这种情况的发生，需要限制页面内容的宽度，此时要用到CSS中的两个属性——min-width和max-width，即"最小宽度"和"最大宽度"。

利用这两个属性，规定最外层header、container和pagefooter这3个div的最大宽度与最小宽度。

```
#header,#pagefooter,#container{
    margin:0 auto;
    width:100%;
    min-width: 600px;
    max-width: 800px;
}
```

 高手私房菜

技巧：怎么把多个div都紧靠页面的侧边

在实际网页制作中，经常需要解决这样的问题，怎么把多个div都紧靠页面的左侧或者右侧。方法很简单，只需要修改几个div的margin值即可。如果要使它们紧贴浏览器窗口左侧，可以将margin设置为"0 auto 0 0"，即只保留右侧的一根"弹簧"，就会把内容挤到最左边了。反之，如果要使它们紧贴浏览器窗口右侧，可以将margin设置为"0 0 0 auto"，即只保留左侧的一根"弹资"，就会把内容挤到最右边了。

第 16 章

变宽度布局

 本章视频教学时间：1 小时 11 分钟

在上一章中，对固定宽度的页面布局做了比较深入的分析和讲解。在本章中，将对变宽度的页面布局做进一步的分析。变宽度的布局要比固定宽度的布局复杂一些，根本的原因在于宽度不确定，导致很多参数无法确定，必须使用一些技巧来完成。

【学习目标】

通过本章的学习，掌握常用变宽度布局的制作。

【本章涉及知识点】

等比例变宽布局

单列变宽布局

三列等比布局

单侧列宽度固定的变宽布局

中间列宽度固定的变宽布局

双侧列宽度固定的变宽布局

中列和侧列宽度固定的变宽布局

分列布局背景颜色

16.1 实例1——"1-2-1"变宽度网页布局

对于一个"1-2-1"变宽度的布局，首先要使内容的整体宽度随浏览器窗口宽度的变化而变化。因此，中间container容器中的左右两列的总宽度也会变化。这样就会产生两种不同的情况：第一是这两列按照一定的比例同时变化；第二是一列固定，另一列变化。这两种情况都是很常用的布局方式，下面先从等比例方式讲起。

16.1.1 "1-2-1"等比例变宽布局

首先实现按比例的适应方式，可以在前面制作的"1-2-1" 浮动布局的基础上完成本案例。原来的"1-2-1"浮动布局中的宽度都是用像素数值确定的固定宽度，下面就来对它进行改造，使它能够自动调整各个模块的宽度。

实际上只需要修改3处宽度就可以了，修改的样式代码如下（源文件参见随书光盘中的"源文件\ch16\16-1.html"）。

```
#header,#pagefooter,#container{ margin:0 auto;
—width:760px;                /*删除原来的固定宽度
width: 85%;                  /*改为比例宽度*/
#content{ float:left;
—width:500px;                /*删除原来的固定宽度*/
width: 66%;                  /*改为比例宽度*/
#side{ float:right;
—width:260px;                /*删除原来的固定宽度*/
width:33%;                   /*改为比例宽度*/
```

运行结果如下图所示。

在这个页面中，网页内容的宽度为浏览器窗口宽度的85%，页面中右侧边栏的宽度和左侧内容栏的宽度保持1:2的比例。可以看到无论浏览器窗口宽度如何变化，它们都等比例变化，这样就实现了各个div的宽度都会等比例适应浏览器窗口。在实际应用中还需要注意以下两点。

(1) 确保不要使一列或多个列的宽度太大，以至于其内部的文字行宽太宽，造成阅读困难。

(2) 注意圆角框的最宽宽度的限制，这种方法制作的圆角框如果超过一定宽度就会出现裂缝。

16.1.2 "1-2-1"单列变宽布局

在实际应用中单列宽度变化，而其他列宽度保持固定的布局用法更实用。在存在多个列的页面中，通常比较宽的一个列是用来放置内容的，而窄列放置链接、导航等内容，这些内容一般宽度是固定的，不需要扩大。因此把内容列设置为可以变化，而其他列固定。

比如在上图中，右侧的side的宽度固定，当总宽度变化时，content部分就会自动变化。如果仍然使用简单的浮动布局是无法实现这个效果的，如果把某一列的宽度设置为固定值，那么另一列（即活动列）的宽度就无法设置了。因为总宽度未知，活动列的宽度也无法确定，那么怎么解决呢？

主要问题就是浮动列的宽度应该等于"100%-260px"，而CSS显然不支持这种带有加减法运算的宽度表达方法，但是通过margin可以变通地实现这个宽度。

在content的外面再套一个div，使它的宽度为100%，也就是等于container的宽度，然后通过将左侧的margin设置为负的260像素，就使它向左平移了260像素。再将content的左侧margin设置为正的260像素，就实现了"100%-260px"这个本来无法表达的宽度。

CSS样式代码如下（源文件参见随书光盘中的"源文件\ch16\16-2.html"）。

```
#header,#pagefooter,#container{
 margin:0 auto;                    /*页面内容居中*/
    width:85%;
    min−width:500px;
    max−width:800px;
 }
#contentwrap{
    margin−left:−260px;
    float:left;
    width:100%;
 }
#content{
    margin−left:260px;
 }
#side{
    float:right;
    width:260px;
 }
#pagefooter{
    clear:both;                    /*清除浮动*/
 }
```

运行结果如下图所示。

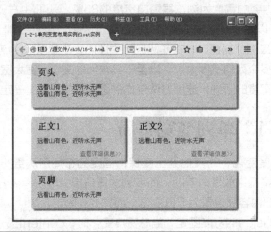

16.2 实例2——"1-3-1"变宽度网页布局

本节视频教学时间：34分钟

"1-3-1"布局可以产生很多不同的变化方式，例如：

(1) 三列都按比例来适应宽度；

(2) 一列固定，其他两列按比例适应宽度；

(3) 两列固定，其他一列适应宽度。

对于后两种情况，又可以根据特殊的一列与另外两列的不同位置，产生出多种变化。

16.2.1 "1-3-1"三列宽度等比例布局

对于"1-3-1"布局的第一种情况，即三列按固定比例伸缩适应总宽度，和前面介绍的"1-2-1"的布局完全一样，只要分配好每一列的百分比就可以了。这里就不再介绍具体的制作过程了。

16.2.2 "1-3-1"单侧列宽度固定的变宽布局

对于一列固定、其他两列按比例适应宽度的情况，如果这个固定的列在左边或右边，那么只需要在两个变宽列的外面套一个div，并且这个div宽度是变的。它与旁边的固定宽度列构成了一个单列固定的"1-2-1"布局，就可以使用"绝对定位"的方法或者"改进浮动"法进行布局，然后再将变宽列中的两个变宽列按比例并排，就很容易实现了。

下面使用浮动方法进行制作。解决的方法同"1-2-1"单列固定一样，这里把活动的两个看成一个，在容器里面再套一个div，即由原来的一个wrap变为两层，分别叫作outerwrap和innerwrap。这样，outerwrap就相当于上面"1-2-1"方法中的wrap容器。新增加的innerwrap是以标准流方式存在的，宽度会自然伸展，由于设置200像素的左侧margin，因此它的宽度就是总宽度减去200像素了。innerwrap里面的left和content就会都以这个新宽度为宽度基准。

代码如下（源文件参见随书光盘中的"源文件\ch16\16-3.html"）。

```
<!DOCTYPE html PUBLIC "-//W3C//DTD XHTML 1.0 Transitional//EN" "http://www.w3.org/TR/xhtml1/
DTD/xhtml1-transitional.dtd">
<html xmlns="http://www.w3.org/1999/xhtml">
<head>
```

```
<meta http-equiv="Content-Type" content="text/html; charset=utf-8" />
<title>1-3-1 1固定宽度布局float实例</title>
<style type="text/css">
body {                                    /*设置页面整体样式*/
    background: #FFF;
    font: 14px 宋体;
    margin:0;
    padding:0;
}
.rounded {                                /*设置圆角样式*/
    background: url(images/left-top.gif) #top left no-repeat;
    width:100%;
}
.rounded h2 {                             /*设置圆角标题*/
    background:url(images/right-top.gif) #top right no-repeat;
    padding:20px 20px 10px;
    margin:0;
}
.rounded .main {                          /*设置圆角主体样式*/
    background:url(images/right.gif) #top right repeat-y;
    padding:10px 20px;
    margin:-20px 0 0;
}
.rounded .footer {                        /*设置圆角底部样式*/
    background:url(images/left-bottom.gif) bottom left no-repeat;
}
.rounded .footer p {                      /*设置圆角底部段落样式*/
    color:red;
    text-align:right;
    background:url(images/right-bottom.gif) bottom right no-repeat;
    display:block;
    padding:10px 20px 20px;
    margin:-20px 0 0;
    font:0/0;
}
#header,#pagefooter,#container{
    margin:0 auto;                        /*页面居中*/
    width:85%;                            /*设置宽度为百分比自适应宽度*/
}
#outerwrap{
    float:left;
    width:100%;
    margin-left:-200px;
}
  #innerwrap{
      margin-left:200px;
}
```

```
#left{
    float:left;
    width:40%;                        /*自适应左边宽度*/
}
#content{
    float:right;
    width:59.5%;                      /*自适应右侧宽度*/
}
#side{
    float:right;
    width:200px;                      /*右侧定宽*/
}
#pagefooter{
    clear:both;
}
</style>
</head>
<body>
<div id="header">                     /*头部*/
    <div class="rounded">
            <h2>页头</h2>
            <div class="main">
            <p>
            远看山有色，近听水无声</p>
            </div>
            <div class="footer">
            <p></p>
            </div>
    </div>
</div>
<div id="container">                  /*主体容器*/
<div id="outerwrap">                  /*外层容器*/
<div id="innerwrap">                  /*内层容器*/
<div id="left">                       /*左侧布局*/
    <div class="rounded">
            <h2>正文</h2>
            <div class="main">
            <p>
            远看山有色，近听水无声<br/>
            远看山有色，近听水无声</p>
            </div>
            <div class="footer">
            <p>
            查看详细信息&gt;&gt;
            </p>
            </div>
    </div>
```

```
        </div>
        <div id="content">                              /*中部内容*/
          <div class="rounded">
                    <h2>正文1</h2>
                    <div class="main">
                    <p>
                    远看山有色，近听水无声</p>
                    </div>
                    <div class="footer">
                    <p>
                    查看详细信息&gt;&gt;
                    </p>
                    </div>
          </div>
        </div>
        </div>                                           /*内层容器结束*/
        </div>                                           /*外层容器结束*/
        <div id="side">                                  /*右侧内容*/
          <div class="rounded">
                    <h2>正文2</h2>
                    <div class="main">
                    <p>
                    远看山有色，近听水无声<br/>
                    远看山有色，近听水无声</p>
                    </div>
                    <div class="footer">
                    <p>
                    查看详细信息&gt;&gt;
                    </p>
                    </div>
          </div>
        </div>
        </div>                                           /*主体容器结束*/
        <div id="pagefooter">
          <div class="rounded">
                    <h2>页脚</h2>
                    <div class="main">
                    <p>
                    远看山有色，近听水无声
                    </p>
                    </div>
                    <div class="footer">
                    <p>
                    </p>
                    </div>
          </div>
        </div>
```

```
</body>
</html>
```

在页面收缩时候运行结果如下图所示。

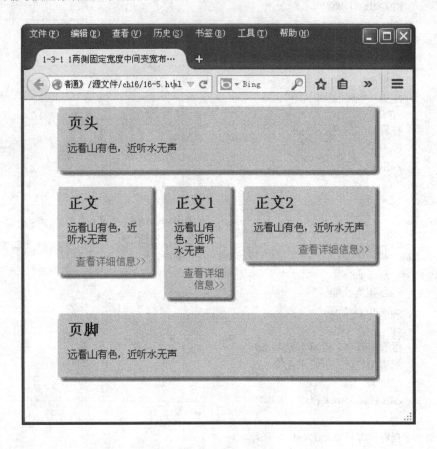

16.2.3 "1-3-1"中间列宽度固定的变宽布局

这种布局的形式是固定列被放在中间，它的左右各有一列，并按比例适应总宽度。这是一种很少见的布局形式（最常见的是两侧的列固定宽度，中间列变化宽度），如果已经充分理解了前面介绍的"改进浮动"法制作单列宽度固定的"1-2-1"布局，就可以把"负margin"的思路继续深化，实现这种不多见的布局。代码如下（源文件参见随书光盘中的"源文件\ch16\16-4.html"）。

```
<!DOCTYPE html PUBLIC "-//W3C//DTD XHTML 1.0 Transitional//EN" "http://www.w3.org/TR/xhtml1/
DTD/xhtml1-transitional.dtd">
<html xmlns="http://www.w3.org/1999/xhtml">
<head>
<meta http-equiv="Content-Type" content="text/html; charset=utf-8" />
<title>1-3-1 1中间固定宽度布局float实例</title>
<style type="text/css">
body {                                    /*整体页面样式*/
    background: #FFF;
    font: 14px 宋体;
    margin:0;
    padding:0;
```

```
  }
  .rounded {                                          /*圆角样式*/
      background: url(images/left-top.gif) #top left no-repeat;
      width:100%;
  }
  .rounded h2 {
      background:url(images/right-top.gif) #top right no-repeat;
      padding:20px 20px 10px;
      margin:0;
  }
  .rounded .main {
      background:url(images/right.gif) #top right repeat-y;
      padding:10px 20px;
      margin:-20px 0 0;
  }
  .rounded .footer {
      background:url(images/left-bottom.gif) bottom left no-repeat;
  }
  .rounded .footer p {
      color:red;
      text-align:right;
      background:url(images/right-bottom.gif) bottom right no-repeat;
      display:block;
      padding:10px 20px 20px;
      margin:-20px 0 0;
      font:0/0;
  }
  #header,#pagefooter,#container{
      margin:0 auto;                                 /*内容居中*/
      width:85%;
  }
  #naviwrap{
      width:50%;
      float:left;
      margin-left:-150px;
  }
  #left{
      margin-left:150px;
  }
  #content{
      float:left;
      width:300px;
  }
  #sidewrap{
      width:49.9%;
      float:right;
      margin-right:-150px;
```

```
}
#side{
    margin-right:150px;
}
#pagefooter{
    clear:both;
}
</style>
</head>
<body>
<div id="header">                              /*头部布局*/
    <div class="rounded">
            <h2>页头</h2>
            <div class="main">
            <p>
            远看山有色，近听水无声</p>
            </div>
            <div class="footer">
            <p></p>
            </div>
    </div>
</div>
<div id="container">                           /*主体布局容器*/
<div id="naviwrap">                             /*左侧容器*/
<div id="left">                                /*左侧内容*/
    <div class="rounded">
            <h2>正文</h2>
            <div class="main">
            <p>
            远看山有色，近听水无声</p>
            </div>
            <div class="footer">
            <p>
            查看详细信息&gt;&gt;
            </p>
            </div>
    </div>
</div>
</div>
<div id="content">                              /*中部内容*/
    <div class="rounded">
            <h2>正文1</h2>
            <div class="main">
            <p>
            远看山有色，近听水无声</p>
            </div>
            <div class="footer">
```

```
                    <p>
                    查看详细信息&gt;&gt;
                    </p>
                    </div>
        </div>
</div>
<div id="sidewrap">                              /*右侧容器*/
<div id="side">                                 /*右侧内容*/
        <div class="rounded">
                    <h2>正文2</h2>
                    <div class="main">
                    <p>
                    远看山有色，近听水无声
                    </p>
                    </div>
                    <div class="footer">
                    <p>
                    查看详细信息&gt;&gt;
                    </p>
                    </div>
        </div>
</div>
</div>
</div>
<div id="pagefooter">
        <div class="rounded">
                    <h2>页脚</h2>
                    <div class="main">
                    <p>
                    远看山有色，近听水无声
                    </p>
                    </div>
                    <div class="footer">
                    <p>
                    </p>
                    </div>
        </div>
</div>
</body>
</html>
```

　　在代码中，页面中间列的宽度是300像素，两边列等宽（不等宽的道理是一样的），即总宽度减去300像素后剩余宽度的50%，制作的关键是如何实现"（100%-300px）/2"的宽度。现在需要在left和side两个div外面分别套一层div，把它们"包裹"起来，依靠嵌套的两个div，实现相对宽度和绝对宽度的结合。

　　运行结果如下图所示。

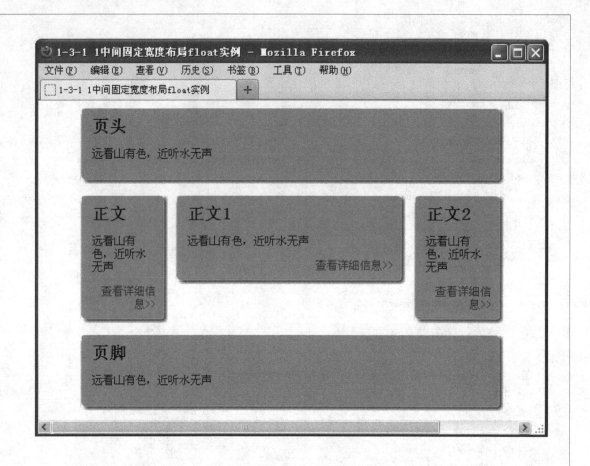

16.2.4 "1-3-1" 双侧列宽度固定的变宽布局

3列中的左右两列宽度固定，中间列宽度自适应变宽布局实际应用很广泛，下面还是通过浮动定位进行了解。关键思想就是把3列的布局看作是嵌套的两列布局，利用 margin 的负值来实现3列浮动。

代码如下（源文件参见随书光盘中的"源文件\ch16\16-5.html"）。

```
<!DOCTYPE html PUBLIC "-//W3C//DTD XHTML 1.0 Transitional//EN" "http://www.w3.org/TR/xhtml1/
DTD/xhtml1-transitional.dtd">
<html xmlns="http://www.w3.org/1999/xhtml">
<head>
<meta http-equiv="Content-Type" content="text/html; charset=utf-8" />
<title>1-3-1 1两侧固定宽度中间变宽布局float实例</title>
<style type="text/css">
body {                                          /*整体样式*/
    background: #FFF;
    font: 14px 宋体;
    margin:0;
    padding:0;
}
.rounded {                          /*圆角样式*/
    background: url(images/left-top.gif)   top left no-repeat;
    width:100%;
```

```
    }
    .rounded h2 {
        background:url(images/right-top.gif)#top right no-repeat;
        padding:20px 20px 10px;
        margin:0;
    }
    .rounded .main {
        background:url(images/right.gif)#top right repeat-y;
        padding:10px 20px;
        margin:-20px 0 0;
    }
    .rounded .footer {
        background:url(images/left-bottom.gif)#bottom left no-repeat;
    }
    .rounded .footer p {
        color:red;
        text-align:right;
        background:url(images/right-bottom.gif) bottom right no-repeat;
        display:block;
        padding:10px 20px 20px;
        margin:-20px 0 0;
        font:0/0;
    }
    #header,#pagefooter,#container{
        margin:0 auto;                      /*内容居中*/
        width:85%;
    }
    #side{
        width:200px;
        float:right;
    }
    #outerwrap{                             /*外层容器*/
        width:100%;
        float:left;
        margin-left:-200px;
    }
    #innerwrap{                             /*内层容器*/
        margin-left:200px;
    }
    #left{
        width:150px;
        float:left;
    }
    #contentwrap{
        width:100%;
        float:right;
        margin-right:-150px;
```

```
    }
    #content{
        margin-right:150px;
    }
    #pagefooter{
        clear:both;
    }
</style>
</head>
<body>
<div id="header">                                    /*页头*/
    <div class="rounded">
            <h2>页头</h2>
            <div class="main">
            <p>
            远看山有色，近听水无声</p>
            </div>
            <div class="footer">
            <p></p>
            </div>
    </div>
</div>
<div id="container">                          /*主体容器*/
<div id="outerwrap">                          /*外层容器*/
<div id="innerwrap">                          /*内层容器*/
<div id="left">                               /*左侧内容*/
    <div class="rounded">
            <h2>正文</h2>
            <div class="main">
            <p>远看山有色，近听水无声</p>
            </div>
            <div class="footer">
            <p>
            查看详细信息&gt;&gt;
            </p>
            </div>
    </div>
</div>
<div id="contentwrap">
<div id="content">
    <div class="rounded">
            <h2>正文1</h2>
            <div class="main">
            <p>
            远看山有色，近听水无声</p>
            </div>
            <div class="footer">
```

```html
        <p>
            查看详细信息&gt;&gt;
        </p>
        </div>
    </div>
</div>
</div><!-- end of contetnwrap-->
</div><!-- end of innerwrap-->
</div><!-- end of outerwrap-->
<div id="side">
    <div class="rounded">
            <h2>正文2</h2>
            <div class="main">
            <p>远看山有色，近听水无声</p>
            </div>
            <div class="footer">
            <p>
            查看详细信息&gt;&gt;
            </p>
            </div>
    </div>
</div>
</div>
<div id="pagefooter">
    <div class="rounded">
            <h2>页脚</h2>
            <div class="main">
            <p>
            远看山有色，近听水无声
            </p>
            </div>
            <div class="footer">
            <p>
            </p>
            </div>
    </div>
</div>
</body>
</html>
```

　　在代码中，先把左边和中间两列看作一组活动列，而右边的一列作为固定列，使用前面的"改进浮动"法就可以实现。然后，把左边和中间两列各自当作独立的列，左侧列为固定列，再次使用"改进浮动"法，就可以最终完成整个布局。运行结果如下图所示。

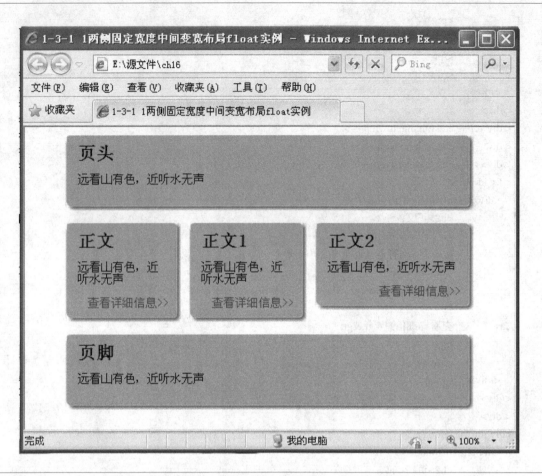

16.2.5 "1-3-1"中列和侧列宽度固定的变宽布局

这种布局的中间列和它一侧的列是固定宽度，另一侧列宽度自适应。这种布局就很简单了，同样使用改进浮动法来实现。

由于两个固定宽度列是相邻的，因此就不用使用两次改进浮动法了，只需要一次就可以做到。具体代码如下（源文件参见随书光盘中的"源文件\ch16\16-6.html"）。

```
<!DOCTYPE html PUBLIC "-//W3C//DTD XHTML 1.0 Transitional//EN" "http://www.w3.org/TR/xhtml1/
DTD/xhtml1-transitional.dtd">
<html xmlns="http://www.w3.org/1999/xhtml">
<head>
<meta http-equiv="Content-Type" content="text/html; charset=utf-8" />
<title>1-3-1 中列和左侧列宽度固定的变宽布局float实例</title>
<style type="text/css">
body {                                    /*设置页面整体样式*/
    background: #FFF;
    font: 14px 宋体;
    margin:0;
    padding:0;
}
.rounded {                                /*设置圆角样式*/
```

```
        background: url(images/left-top.gif)   top left no-repeat;
        width:100%;
    }
    .rounded h2 {
        background:url(images/right-top.gif)#top right no-repeat;
        padding:20px 20px 10px;
        margin:0;
    }
    .rounded .main {
        background:url(images/right.gif)#top right repeat-y;
        padding:10px 20px;
        margin:-20px 0 0;
    }
    .rounded .footer {
        background:url(images/left-bottom.gif)#bottom left no-repeat;
    }
    .rounded .footer p {
        color:red;
        text-align:right;
        background:url(images/right-bottom.gif) bottom right no-repeat;
        display:block;
        padding:10px 20px 20px;
        margin:-20px 0 0;
        font:0/0;
    }
    #header,#pagefooter,#container{
        margin:0 auto;                                        /*内容居中*/
        width:85%;
    }
    #left{
        float:left;
        width:150px;
    }
    #content{
        float:left;
        width:250px;
    }
    #sidewrap{
        float:right;
        width:100%;
        margin-right:-400px;
    }
    #side{
        margin-right:400px;
    }
    #pagefooter{
        clear:both;                              /*清除浮动*/
```

```
        }
        </style>
        </head>
        <body>
        <div id="header">                           /*顶部结构*/
          <div class="rounded">
                    <h2>页头</h2>
                    <div class="main">
                    <p>
                    远看山有色，近听水无声</p>
                    </div>
                    <div class="footer">
                    <p></p>
                    </div>
          </div>
        </div>
        <div id="container">                        /*主体容器*/
        <div id="left">                             /*左侧内容结构*/
          <div class="rounded">
                    <h2>正文</h2>
                    <div class="main">
                    <p>
                    远看山有色，近听水无声</p>
                    </div>
                    <div class="footer">
                    <p>
                    查看详细信息&gt;&gt;
                    </p>
                    </div>
          </div>
        </div>
        <div id="content">                          /*中部内容结构*/
          <div class="rounded">
                    <h2>正文1</h2>
                    <div class="main">
                     <p>
                    远看山有色，近听水无声</p>
                    </div>
                    <div class="footer">
                    <p>
                    查看详细信息&gt;&gt;
                    </p>
                    </div>
          </div>
        </div>
        <div id="sidewrap">                              /*右侧容器*/
        <div id="side">                                 /*右侧内容结构*/
```

```
        <div class="rounded">
                <h2>正文2</h2>
                <div class="main">
                <p>
                远看山有色，近听水无声</p>
                </div>
                <div class="footer">
                <p>
                查看详细信息&gt;&gt;
                </p>
                </div>
        </div>
    </div>
    </div>
    </div>
    <div id="pagefooter">
      <div class="rounded">
                <h2>页脚</h2>
                <div class="main">
                <p>
                远看山有色，近听水无声
                </p>
                </div>
                <div class="footer">
                <p>
                </p>
                </div>
      </div>
    </div>
    </body>
    </html>
```

　　在代码中把左侧的left和content列的宽度分别固定为150像素和250像素，右侧的side列宽度变化。那么side列的宽度就等于"100%-150px-250px"。因此根据改进浮动法，在side列的外面再套一个sidewrap列，使sidewrap的宽度为100%，并通过设置负的margin，使它向右平移400像素。然后再对side列设置正的margin，限制右边界，这样就可以实现希望的效果了。运行结果如下图所示。

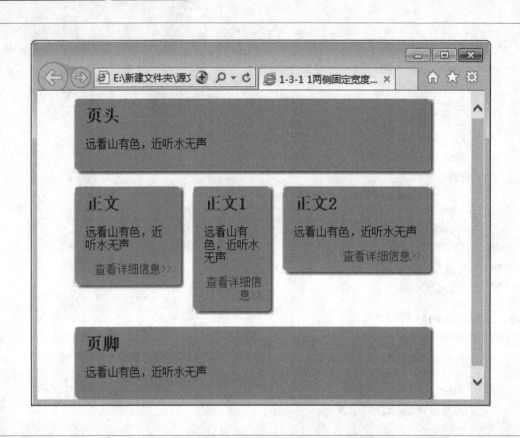

16.3 实例3——分列布局背景颜色问题

本节视频教学时间：23分钟

在前面的各种布局案例中所有的例子都没有设置背景色，但是在很多页面布局中，对各列的背景色是有要求的，例如希望每一列都有各自的背景色。

前面案例中每个布局模块都有非常清晰的边框，这种页面通常不设置背景色。还有很多页面分了若干列，每一列或列中的各个模块并没有边框，这种页面通常需要通过背景色来区分各个列。

16.3.1 设置固定宽度布局的列背景色

这里引用15.4节制作的页面（打开随书光盘中的"源文件\ch15\15-5.html"）作为框架基础，直接修改样式表，代码如下（源文件参见随书光盘中的"源文件\ch16\16-7.html"）。

```
body{                            /*主体样式*/
    font:14px 宋体;
    margin:0;
}
#header,#pagefooter {
    background:#CF0;
    width:760px;
    margin:0 auto;
}
```

```
h2{
    margin:0;
    padding:20px;
}
p{
    padding:20px;
    text-indent:2em;
    margin:0;
}
#container {                          /*容器样式*/
    position: relative;              /*定位参考*/
    width:760px;
    margin:0 auto;
    background:url(images/16-7.gif);
}
#left {
    width: 200px;
    position: absolute;              /*绝对定位*/
    left: 0px;                       /*定位坐标*/
    top: 0px;
}
#content {
    right: 0px;
    top: 0px;
    margin-right: 200px;
    margin-left: 200px;
}
#side {
    width: 200px;
    position: absolute;              /*绝对定位*/
    right: 0px;
    top: 0px;
}
```

在代码中，left、content、side没有使用背景色，是因为各列的背景色只能覆盖到其内容的下端，而不能使每一列的背景色都一直扩展到最下端，因为每个div只负责自己的高度，根本不管它旁边的列有多高，要使并列的各列的高度相同是很困难的，通过给container设定一个宽度为760px的背景，这个背景图按样式中的left、content、side宽度进行颜色制作，变相实现给三列加背景的功能。运行结果如下图所示。

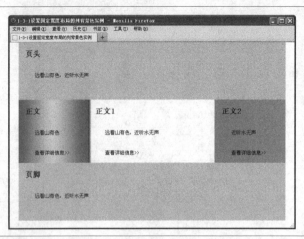

16.3.2 设置特殊宽度变化布局的列背景色

宽度变化的布局分栏背景色因为列宽不确定，无法在图像处理软件中制作这个背景图，那么应该怎么办呢？

由于这种变化组合有很多，以下面情况进行举例说明。

(1) 两侧列宽度固定，中间列变化的布局；

(2) 3列的总宽度为100%，也就是说两侧不露出body的背景色；

(3) 中间列最高。

这种情况下，中间列的高度最高，可以设置自己的背景色，左侧可以使用comatiner来设置背景图像，可以利用body来实现右侧栏的背景，CSS样式代码如下（源文件参见随书光盘中的"源文件\ch16\16-8.html"）。

```
body{                              /*页面整体样式*/
   font:14px 宋体;
   margin:0;
   background-color:blue;
}
#header,#pagefooter {              /*头部和底部样式*/
   background:#CF0;
   width:100%;
   margin:0 auto;                  /*内容居中*/
}
h2{
   margin:0;
   padding:20px;
}
p{
   padding:20px;
   text-indent:2em;                /*首行缩进*/
   margin:0;
}
#container {
   width:100%;
   margin:0 auto;
```

```
    background:url(images/background-left.gif) repeat-y top left;
    position: relative;                              /*定位参考*/
}
#left {
    width: 200px;
    position: absolute;                              /*绝对定位*/
    left: 0px;
    top: 0px;
}
#content {
    right: 0px;
    top: 0px;
    margin-right: 200px;
    margin-left: 200px;
    background-color:#F00;
}
#side {
    width: 200px;
    position: absolute;
    right: 0px;
    top: 0px;
}
```

运行结果如下图所示。

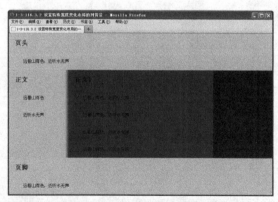

16.3.3 设置单列宽度变化布局的列背景色

上面例子虽然实现了分栏的不同背景色，但是它的限制条件太多了。有没有更通用一些的方法呢？

仍然假设布局是中间活动，两侧列宽度固定的布局。由于container只能设置一个背景图像，因此可以在container里面再套一层div，这样两层容器就可以各设置一个背景图像，一个左对齐，一个右对齐，各自竖直方向平铺。由于左右两列都是固定宽度，因此所有图像的宽度分别等于左右两列的宽度就可以了。

CSS样式代码如下（源文件参见随书光盘中的"源文件\ch16\16-9.html"）。

```
body{                                   /*整体页面样式*/
    font:14px 宋体;
    margin:0;
```

```
    }
    #header,#pagefooter {
        background:#CF0;
        width:85%;
        margin:0 auto;                    /*内容居中*/
    }
    h2{
        margin:0;
        padding:20px;
    }
    p{
        padding:20px;
        text-indent:2em;                  /*段落首行缩进*/
        margin:0;
    }
    #container {
        width:85%;
        margin:0 auto;
        background:url(images/background-right.gif) repeat-y top right;
        position: relative;               /*定位参考*/
    }
    #innercontainer {
        background:url(images/background-left.gif) repeat-y top left;
    }
    #left {
        width: 200px;
        position: absolute;               /*绝对定位*/
        left: 0px;
        top: 0px;
    }
    #content {
        right: 0px;
        top: 0px;
        margin-right: 200px;
        margin-left: 200px;
        background-color:#9F0;
    }
    #side {
        width: 200px;
        position: absolute;               /*绝对定位*/
        right: 0px;
        top: 0px;
    }
```

　　在代码中3列总宽度为浏览器窗口宽度的85%，左右列各200像素，中间列自适应。header、footer和container的宽度改为85%，然后在container里面套一个innercontainer，这样用container设置side背景，innercontainer设置left背景，content设置自己的背景。运行结果如下图所示。

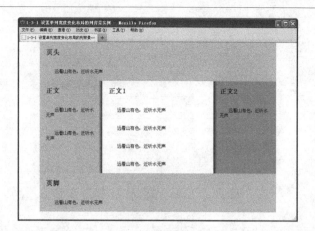

16.3.4 设置多列等比例宽度变化布局的列背景色

对于3列按比例同时变化的布局，上面的方法就无能为力了，这时仍然使用制作背景图的方法。

假设3列按照"1:2:1"的比例同时变化，也就是左、中、右3列所占的比例分别为25%、50%和25%。先制作一个足够宽的背景图像，背景图像同样按照"1:2:1"设置3列的颜色。

CSS样式代码如下。

```css
body{                                        /*页面整体样式*/
    font:14px 宋体;
    margin:0;
}
#header,#pagefooter {
    background:#CF0;
    width:85%;
    margin:0 auto;                           /*内容居中*/
}
h2{
    margin:0;
    padding:20px;
}
p{
    padding:20px;
    text-indent:2em;
    margin:0;
}
#container {
    width:85%;
    margin:0 auto;                           /*内容居中*/
    background:url(images/ 16-10.gif) repeat-y  25% top;
    position: relative;                      /*定位参考*/
}
#innercontainer {
    background:url(images/ 16-10.gif) repeat-y  75% top;
}
```

```
#left {
    width: 25%;
    position: absolute;                          /*绝对定位*/
    left: 0px;
    top: 0px;
}
#content {
    right: 0px;
    top: 0px;
    margin-right: 25%;
    margin-left: 25%;
}
#side {
    width: 25%;
    position: absolute;                          /*绝对定位*/
    right: 0px;
    top: 0px;
}
```

本例中背景图像16-10.gif宽度是2000像素，高度10像素；左、中、右3段颜色的宽度分别是500px、1000px和500px；中间段使用透明色，最终生成一个中间1000像素透明，两侧各500像素不同颜色的GIF格式图像文件。运行结果如下图所示。

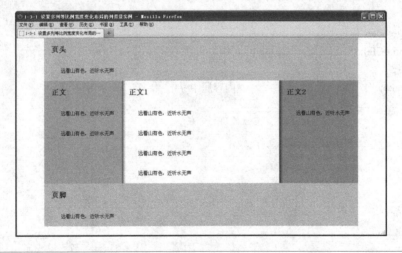

高手私房菜

技巧：框架中百分比的关系

对框架中百分比的关系，初学者往往比较困惑。以16.1.1节中样式做个说明，container等外层div的宽度设置为85%是相对浏览器窗口而言的比例；而后面content和side这两个内层div的比例是相对于外层div而言的。这里分别设置为66%和33%，二者相加为99%，而不是100%，这是为了避免由于舍入误差造成总宽度大于它们的容器的宽度，而使某个div被挤到下一行中，如果希望精确，写成99%也可以。

第17章

制作商务类型网页

 本章视频教学时间：38 分钟

商务类网站是当前互联网中的一支大军，本章制作一个红酒企业商务网页，以紫红色酒水的基调为主题色，增加访客的视觉识别。

【学习目标】

通过本章的学习，了解商务类网页制作的要点。

【本章涉及知识点】

商务类网页设计要点

商务类网页排版布局

产品展示样式的制作

新闻列表信息样式的制作

17.1 设计整体结构

本节视频教学时间：7分钟

本例以"红酒"为题材，介绍企业的基本信息、产品信息、企业联系方式，效果如下图所示。

17.1.1 设计分析

商务类网页一般侧重于向用户传达企业信息，包括企业的产品、企业的新闻资讯、企业销售网络、联系方式等，让用户快速了解企业的最新产品和最新资讯，为用户咨询信息提供联系方式。

本例使用红酒的主色调，让用户打开页面就会产生记忆识别。整个页面以产品、资讯为重点，舒适的主题色加上精美的产品图片，深深打动用户的心。页面使用"1-（1+2）-1"结构进行布局，凸显网站的大气。

17.1.2 排版架构

整个页面非常简洁明了，主要包括导航、banner、产品展示、新闻中心、促销产品及下方的页脚。页面框架如下。

导航	
banner	
产品展示	
新闻中心	促销产品
页脚	

对应页面框架代码如下。

```
<body class="portal_body">
<div class=" body_html"></div>
<div id="nov_flash"></div>
<div id="index_cp"></div>
<div id="index_news"></div>
< div id="foot"></div>
</body>
```

其中index_news又被分为两个块。

```
<div id="index_news">
<div id="index_left"></div>
<div id="index_right"></div>
</div>
```

17.2 整体设置

 本节视频教学时间：10分钟

首先设置页面整体布局样式信息，代码如下。

```
html, body, div, span,applet, object, iframe, h1, h2, h3, h4, h5, h6, p, blockquote, pre, a, abbr, acronym, address,
big, cite, code, del, dfn, em, img, ins, kbd, q, s, samp, small, strike, strong, sub, sup, tt, var, dd, dl, dt, li, ol, ul, fieldset,
form, label, legend, table, caption, tbody, tfoot, thead, tr, th, td {margin:0;padding:0;}
    img {border: 0;}
    body{font:normal normal normal 12px/1.5em Simsun,Arial, "Arial Unicode MS", Mingliu, Helvetica;text-
align:center;height:100%;}
    .portal_body{
        background-image: url(images/bg.jpg);
        background-repeat: repeat-x;
        background-position: top;
        background-color: #EAE9EA;
    }
    div {text-align:left;}
    a{text-decoration: none;color: #000000;}
    a:hover{text-decoration: underline;color: #FF0000;}
    a:active{outline:none;}
```

在代码中，首先对常用的标签选择器进行定义，这在其他类型网站建设中也同样有效，接着定义了页面整体使用的字体样式和portal_body类别选择器及a标签的两个伪类。

17.3 设计页头

 本节视频教学时间：4分钟

本例中的页头使用flash作为导航，样式也相应比较简单，样式代码如下。

```
/* 首页样式表 */
#body_html{background-image: url(images/bg_h.jpg);
background-repeat: no-repeat;
height: 176px;
width: 1000px;
margin: 0px auto 0px auto;}
.index_a{height: 36px;
width: 980px;
margin: 1px auto 0px auto;}
#nov{height: 140px;
width: 980px;
margin: 0px auto 0px auto;}
#nov_flash{ width: 980px;
height: 313px;
margin: 0px auto 0px auto;}
```

#nov定义了导航样式，#nov_flash定义了banner的flash样式。

17.4 设置中间部分

 本节视频教学时间：15分钟

中间部分包括产品展示、新闻中心和促销商品3个版块。

17.4.1 产品展示

产品展示使用JavaScript控制实现产品图片的滚动，框架代码如下。

```
<div id="index_cp">
 <div class="infiniteCarousel">
  <div class="wrapper">
   <ul>
    <li><a href="#"><img src="images/s_1.jpg" height="150" width="160" alt="烧酒系列" /></a></li>
    <li><a href="#"><img src="images/q_1.jpg" height="150" width="160" alt="清酒系列" /></a></li>
    <li><a href="#"><img src="images/p_1.jpg" height="150" width="160" alt="啤酒系列" /></a></li>
    <li><a href="#"><img src="images/g_1.jpg" height="150" width="160" alt="果酒系列" /></a></li>
    <li><a href="#"><img src="images/y_1.jpg" height="150" width="160" alt="饮料系列" /></a></li>
    <li><a href="#"><img src="images/h_1.jpg" height="150" width="160" alt="红酒系列" /></a></li>
    <li><a href="#"><img src="images/yang_1.jpg" height="150" width="160" alt="洋酒系列" /></a></li>
    <li><a href="#"><img src="images/l_1.jpg" height="150" width="160" alt="礼盒系列" /></a></li>
```

```
    <li><a href="#"><img src="images/t_1.jpg" height="150" width="160" alt="调料系列" /></a></li>
    <li><a href="#"><img src="images/qita.jpg" height="150" width="160" alt="其他产品" /></a></li>
    </ul>
    </div>
  </div>
</div>
```

样式代码如下。

```
/* 首页产品分类滚动样式表 */
#index_cp{background-color: #FFFFFF;height: 190px;width: 980px;margin: 11px auto 10px auto;}
.infiniteCarousel {width: 980px;position: relative;}
.infiniteCarousel .wrapper {
    width: 885px; /* .infiniteCarousel width − (.wrapper margin-left + .wrapper margin-right) */ /* 调整图片滚
动内部宽度 */
    overflow: hidden;height: 190px;margin: 0 45px;position: absolute;top: 0;
}
.infiniteCarousel ul a img {-moz-border-radius: 5px;-webkit-border-radius: 5px;}
.infiniteCarousel .wrapper ul {width: 980px; /* single item * n */
    list-style-image:none;list-style-position:outside;list-style-type:none;margin:0;padding:0;position:
absolute;top: 0;}
.infiniteCarousel ul li {display:block;float:left;height:150px;width:160px;padding:20px 10px 20px 10px;}
.infiniteCarousel ul li img {-webkit-transition: border-color 400ms;}
.infiniteCarousel .arrow {display: block;height: 50px;width: 41px;background: url(images/arrow.png) no-repeat
0 0;text-indent: −999px;position: absolute;top: 70px;cursor: pointer;outline: 0;}
.infiniteCarousel .forward {background-position: 0 0;right: 0;}
.infiniteCarousel .back {background-position: 0 −72px;left: 0;}
```

实现效果如下图所示。

17.4.2 新闻中心

接下来是新闻中心模块，框架代码如下。

```
<div id="index_news">
  <div id="index_left">
    <h4>新闻中心</h4>
```

```
<div id="index_news_a"> <img src="images/9.png" name="ribbon" width="91" height="86" id="ribbon" />
  <div id="index_news_img"><img src="images/10.jpg" width="190" height="140" /></div>
  <div id="index_news_txt">
    <ul>
      <li><span>2011-04-18</span>民政部：……</li>
      省略……
    </ul>
  </div>
  </div>
  </div>
</div>
```

样式代码如下。

```
/* 首页新闻中心版块样式表 */
#index_news{background-color: #FFFFFF;height: 200px;width: 980px;margin: 0px auto 0px auto;border-bottom: 1px solid #330000;}
#index_left{float: left;height: 200px;width: 680px;  margin: 0px auto 0px 0px;}
#index_right{float: right;height: 200px;width: 290px;  margin: 0px 0px 0px auto;position: relative;}
h4{font-family: Arial, Helvetica, sans-serif;font-weight: bold;  color: #330000;height: auto;width: auto;padding: 12px 0px 8px 0px;font-size: 14px;text-indent: 15px;background-image: url(images/news.jpg);background-repeat: no-repeat;margin-bottom: 3px;}
#index_news_a{height: 150px;width: 650px;margin: 0px auto 0px auto;position: relative;}
#index_news_img{float: left;height: 140px;width: 190px;margin: 0px auto 0px 0px;padding: 4px;border: 1px solid #CCCCCC;}
#index_news_txt{float: right;height: 150px;width: 435px;margin: 0px 0px 0px auto;          background-image: url(images/d.jpg);background-repeat: no-repeat;background-position: left;}
#index_news_txt li{font-family: Arial, Helvetica, sans-serif; font-size: 12px;line-height: 25px;list-style-type: none;text-indent: 10px;}
#index_news_txt span{font-size: 12px;color: #999999;float: right;}
#index_cuxiao{padding: 4px;height: 130px;width: 268px;border: 1px solid #CCCCCC;margin: 10px 10px 5px;margin-left: 0px;}
#index_c{padding: 4px;height: 30px;width: 268px;border: 1px solid #CCCCCC;margin: 0px 10px 0px 0px;}
```

此时新闻中心的效果如下图所示。

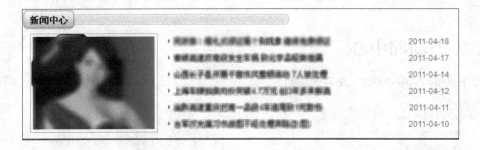

17.4.3 促销产品

促销产品通过设置png图片背景，运用"钩子"方法，制造图片上加水印的效果，代码如下。

```
<div id="index_right"><img src="images/c8.png" name="ribbon" width="95" height="90" id="hong" />
   <div id="index_cuxiao"><img src="images/20.jpg" width="268" height="130" /></div>
      <div id="index_c"><img src="images/qq.jpg" width="268" height="30" /></div>
</div>
/* png图片定位样式表 */
#ribbon {position:absolute;top:0px;left:1px;z-index:500;}
#hong {position:absolute;top:7px;left:189px;z-index:500;}
#hong_a {
   position:absolute;
   top:0px;
   left:183px;
   z-index:500;
}
```

效果如下图所示。

17.5 页脚部分

本节视频教学时间：2分钟

页脚部分比较简单，没有再进行拆分，框架中引用了一个png图片，通过样式表控制居中显示，代码如下。

```
/* 首页底部样式表 */
#foot{height: 81px;
width: 980px;
margin: 10px auto 0px auto;}
```

举一反三

本章应用"钩子"与png图片进行处理，实现在图片上加活动字的效果，灵活运用可以实现各种意想不到的效果，如下图所示。

高手私房菜

技巧：同时使用两个类别选择器样式处理原则

通常我们只为属性指定一个类别选择器，但这并不等于只能指定一个，实际上想指定多少就可以指定多少。例如：

```
/* 首页底部样式表 */
#foot{height: 81px;
width: 980px;
margin: 10px auto 0px auto;}
```

通过同时使用两个类别选择器（使用空格而不是逗号分割），这个段落将同时应用两个类别选择器中制定的规则。如果两者中有任何规则重叠，那么后一个将获得实际的优先应用。

第18章

制作时尚科技类型网页

 本章视频教学时间: 38 分钟

现在制作网页不仅仅是为了进行产品销售, 宣传企业形象也变得越来越重要, 科技类企业不同于一般产品销售企业, 网页不仅要大气, 而且要突出企业文化。

【 学习目标 】

通过本章的学习, 初步了解科技类网页的制作要点。

【 本章涉及知识点 】

科技类网页制作要点

科技类网页常用模块

18.1 整体布局

本节视频教学时间：8分钟

科技类型企业网页重点就是要突出企业文化、企业服务特点，稳重厚实的色彩风格比较通用，如下图所示。

18.1.1 设计分析

科技型网页有时候会有个弊端，色彩太稳就容易显得单调，一味地强调企业文化，忽略了网页表达的实际环境，结果网页信息不能很好地传递出去。在这点上科技型网页也要表达得富有时尚元素，时尚的定义不仅仅是色彩，在网页形式上的别具风格也很重要。

18.1.2 排版架构

本实例采用"1-（1+3）-1"布局结构，页面架构如下。

导航		
Banner		
资讯1	资讯2	资讯3
页脚		

框架代码如下。

```
<body>
<div id="top"></div>
<div id="banner"></div>
<div id="mainbody"></div>
<div id="bottom"></div>
</body>
```

18.2 设计模块组成

本节视频教学时间：28分钟

本例总体上可以分为如下4个模块。

18.2.1 导航区

本例导航区分为两个部分，一部分包括企业logo和信息搜索框，另一部分是导航，导航通过a标签的两个事件实现：onmouseout和onmouseover。框架代码如下。

```
<div id="top">
  <div id="header">
    <div id="logo"><a href="index.html"><img src="images/logo.gif" alt="信蜂源官网" border="0" /></a></div>
    <div id="search">
    <div class="s1 font10"></div>
    <div class="s2"> </div>
    <div class="s3"> </div>
    </div>
  </div>
  <div id="menu"><a href="index.html" onmouseout="MM_swapImgRestore()" onmouseover="MM_swapImage('Image30',",'images/menu1-0.gif',5)"></a>
  省略……
  </div>
</div>
```

样式代码如下。

```
#top,#banner,#mainbody,#bottom,#sonmainbody{ margin:0 auto;}
#top{ width:960px; height:136px;}
#header{ height:58px; background-image:url(../images/header-bg.jpg)}
#logo{ float:left; padding-top:16px; margin-left:20px; display:inline;}
#search{ float:right; width:444px; height:26px; padding-top:19px; padding-right:28px;}
.s1{ float:left; height:26px; line-height:26px; padding-right:10px;}
.s2{ float:left; width:204px; height:26px; padding-right:10px;}
.seaarch-text{ width:194px; height:16px; padding-left:10px; line-height:16px; vertical-align:middle; padding-top:5px; padding-bottom:5px; background-image:url(../images/search-bg.jpg); color:#343434;background-repeat: no-repeat;}
.s3{ float:left; width:20px; height:23px; padding-top:3px;}
.search-btn{ height:20px;}
#menu{ width:948px; height:73px; background-image:url(../images/menu-bg.jpg); background-repeat:no-repeat; padding-left:12px; padding-top:5px;}
```

在样式表中使用"display:inline"属性，它可以让行内显示为块的元素，变为行内显示，导航效果如下图所示。

18.2.2 Banner区

Banner中放了一张png图片，代码如下。

```
<div id="banner"><img src="images/tu1.png" /></div>
```

Banner对应样式代码如下。

```
#banner{ width:960px; height:365px; padding-bottom:15px;}
```

18.2.3 资讯区

在资讯区内包括三个小部分，框架代码如下。

```
 <div id="mainbody">
 <div id="actions">
 <div class="actions-title">
 <ul class="actions">
 <li id="one1" onmouseover="setTab('one',1,3)"class="hover green" >活动</li>
 省略……
 </ul>
 </div>
 <div class="action-content">
 <div id="con_one_1" >
 <dl class="text1">
 <dt><img src="images/CUDA.gif" /></dt>
 <dd></dd>
 </dl>
 </div>
 <div id="con_one_2" style="display:none">
 <div id="index-news">
 <ul class="list">
 <li></li>
 省略……
 </ul>
 </div>
 </div>
 <div id="con_one_3" style="display:none">
 <dl class="text1">
 <dt><img src="images/cool.gif" /></dt>
 <dd></dd>
 </dl>
 </div>
 </div>
 <div class="mainbottom"> </div>
 </div>
 <div id="idea">
 <div class="idea-title green">创造</div>
 <div class="action-content">
 <dl class="text1">
 <dt><img src="images/chuangzao.gif" /></dt>
 <dd></dd>
```

```
   </dl>
  </div>
  <div class="mainbottom"><img src="images/action-bottom.gif" /></div>
 </div>
 <div id="quicklink">
 <div class="btn1"><a href="#">立刻采用三剑平台的PC</a></div>
 <div class="btn1"><a href="#">computex最佳产品奖</a></div>
 </div>
 <div class="clear"></div>
 </div>
```

对应样式代码如下。

```
#mainbody{ width:960px; margin-bottom:25px;}
 #actions,#idea{ height:173px;width:355px; float:left; margin-right:15px; display:inline;}
   .actions-title{ color:#FFFFFF; height:34px; width:355px; background-image:url(../images/action-titleBG.gif);}
   .actions li{float:left;display:block;cursor:pointer;text-align:center;font-weight:bold;width: 66px;height: 34px ; line-height: 34px; padding-right:1px;}
   .hover{ padding:0px; width:66px; color:#76B900; font-weight:bold; height:34px; line-height:34px; background-image: url(../images/action-titleBGhover.gif);}
   .action-content{ height:135px; width:353px; border-left:1px solid #CECECE; border-right:1px solid #CECECE;}
   .text1{height:121px; width:345px; padding-left:8px; padding-top:14px;}
   .text1 dt,.text1 dd{ float:left;}
   .text1 dd{ margin-left:18px; display:inline;}
   .text1 dd p{ line-height:22px; padding-top:5px; padding-bottom:5px;}
   h1{ font-size:12px;}
   .list{ height:121px; padding-left:8px; padding-top:14px; padding-right:8px; width:337px;}
   .list li{ background: url(../images/line.gif) repeat-x bottom; /*列表底部的虚线*/ width: 100%; }
   .list li a{display: block; padding: 6px 0px 4px 15px; background: url(../images/oicn-news.gif) no-repeat 0 8px;   /*列表左边的箭头图片*/ overflow:hidden; }
   .list li span{ float: right;/*使span元素浮动到右面*/ text-align: right;/*日期右对齐*/ padding-top:6px;}
   /*注意:span一定要放在前面,反之会产生换行*/
   .idea-title{ font-weight:bold; color:##76B900; height:24px; width:345px; background-image:url(../images/idea-titleBG.gif); padding-left:10px; padding-top:10px;}
   #quicklink{ height:173px; width:220px; float:right; background:url(../images/linkBG.gif);}
   .btn1{ height:24px; line-height:24px; margin-left:10px; margin-top:62px;}
```

效果如下图所示。

18.2.4 页脚

页脚分为两行，第一行存放底部次要导航信息，第二行存放版权所有等信息，框架代码如下。

```
<div id="bottom">
  <div id="rss">
    <div id="rss-left"> </div>
```

```
        <div class="white" id="rss-center"> </div>
        <div id="rss-right"></div>
    </div>
    <div id="contacts">省略……</div>
</div>
```

样式代码如下。

```
#bottom{ width:960px;}
#rss{ height:30px; width:960px; line-height:30px; background-image:url(../images/link3.gif);}
#rss-left{ float:left; height:30px; width:2px;}
#rss-right{ float:right; height:30px; width:2px;}
#rss-center{ height:30px; line-height:30px; padding-left:18px; width:920px; float:left;}
#contacts{ height:36px; line-height:36px;}
```

18.3 设置链接

 本节视频教学时间：2分钟

链接a标签定义如下。

```
a:link,a:visited,a:active{ text-decoration:none; color:#343434;}
a:hover{ text-decoration:underline; color:#5F5F5F;}
```

举一反三

本章导航稍加变化，即可以实现二级横向导航的显示，如下图所示。

同时，本章的科技网页制作框架很符合现在科技网站制作的趋势，很多大的企业网站框架都是这样的，如下图所示。

这意味着如果要制作一个科技类网页，只需要考虑色调与图片选择的问题，就可以方便套用本章的框架了。

 ## 高手私房菜

技巧：编写边框的规则

当编写一条边框的规则时，通常会指定颜色、宽度以及样式（任何顺序均可）。例如，border:3px solid #000（3像素宽的黑色实线边框），其实这个例子中唯一需要指定的值只是样式。假如指定样式为实线（solid），那么其余的值将使用默认值：默认的宽度为中等（相当于3像素或4像素）；默认的颜色为边框里的文字颜色。如果这正是想要的效果，也完全可以不在CSS里指定。

第19章
制作在线购物类型网页

本章视频教学时间：23 分钟

网上购物体验在今天对大家来说已经习以为常了，那么怎么才能制作一个效果不错的购物网页呢？本章讲解在线购物网页实现的CSS框架。

【学习目标】

通过本章的学习，初步了解在线购物网页的制作要点。

【本章涉及知识点】

在线购物网页的制作要点

在线购物网页的排版布局

在线购物网页常用模块

19.1 整体布局

本节视频教学时间：4分钟

　　购物网页的排版布局相对比较稳定，因为符合用户点击方式、吸引眼球的要点都是一样，制作者在设计的同时，还要倾向用户的购买习惯。本例页面布局如下图所示。

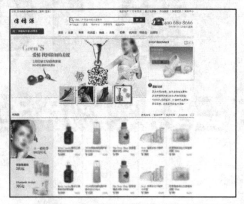

19.1.1 设计分析

　　购物网页一个重要的特点就是突出产品，突出购物流程、优惠活动、促销活动等信息。首先要用逼真的产品图片吸引用户，结合各种吸引人的优惠活动和促销活动增强用户的购买欲望，最后在购物流程上，要方便快捷，比如货款支付情况，要给用户多种选择的可能，让各种情况的用户都能在网上顺利支付。

19.1.2 排版架构

　　本例使用"1-（2+n）-1"版式架构，架构表格如下。

导航	
banner	资讯
产品类别1	
…	
产品类别n	
页脚	

图中的n在实际制作中一般不会大于6，因为如果太大，用户需要不断滚屏，给用户带来不便。

19.2 设计模块组成

本节视频教学时间：17分钟

　　本例总体上可以分为如下4个模块。

19.2.1 导航

　　导航使用水平结构，与其他类别网页相比，前边有一个购物车功能。把购物车功能放到这里，用户更能方便快捷地查看购物情况。框架代码如下。

```
<div id="menu">
  <div class="shopingcar"><a href="#">购物车中有0件商品</a></div>
  <div class="menu_box">
    <ul>
     <li><a href="#"><img src="images/menu1.jpg" border="0" /></a></li>
     省略……
    </ul>
  </div>
</div>
```

样式代码如下。

```
/*===========================menu===========================*/
#menu{ margin-top:10px; margin:auto; width:980px; height:41px; overflow:hidden;}
.shopingcar{ float:left; width:140px; height:35px; background:url(../images/shopingcar.jpg) no-repeat;
color:#FFF; padding:10px 0 0 42px;}
.shopingcar a{ color:#FFF;}
.menu_box{ float:left; margin-left:60px;}
 .menu_box li{ float:left; width:55px; margin-top:17px; text-align:center; background:url(../images/menu_fgx.
jpg) right center no-repeat;}
```

实际效果如下图所示。

19.2.2 Banner

购物网页的banner区域同企业型比较起来差别很大，企业型banner区多是突出企业文化，而购物网页banner区主要放置主推产品、优惠活动、促销活动等，框架代码如下。

```
<div id="banner">
  <div class="banner_box">
  <div class="banner_pic"><img src="images/banner.jpg" border="0" /></div>
  <div class="banner_right">
    <div class="banner_right_top"><a href="#"><img src="images/event_banner.jpg" border="0" /></a></div>
    <div class="banner_right_down">
     <div class="moving_title"><img src="images/news_title.jpg" /></div>
     <ul>
      <li><a href="#"><span>国庆大促5宗最，纯牛皮钱包免费换！</span></a></li>
          省略……
     </ul>
    </div>
  </div>
  </div>
</div>
```

样式代码如下。

```
#banner{ background:url(../images/banner_top_bg.jpg) repeat-x; padding-top:12px;}
.banner_box{ width:980px; height:369px; margin:auto;}
.banner_pic{ float:left; width:726px; height:369px; text-align:left;}
.banner_right{ float:right; width:247px;}
.banner_right_top{ margin-top:15px;}
.banner_right_down{ margin-top:12px;}
.banner_right_down ul{ margin-top:10px; width:243px; height:89px;}
.banner_right_down li{ margin-left:10px; padding-left:12px; background:url(../images/icon_green.jpg) left
no-repeat center; line-height:21px;}
.banner_right_down li a{ color:#444;}
.banner_right_down li a span{ color:#A10288;}
```

在代码中，banner分为两个部分，左边放大尺寸图，右侧放小尺寸图和文字信息，效果如下图所示。

19.2.3 产品类别

产品类别也是图文混排的效果，购物网页中大量运用图文混排方式，效果如下图所示。

19.2.4 页脚

本例页脚使用一个div标签放置一个版权信息图片，比较简洁，如下图所示。

关于我们｜联系发行｜配送范围｜如何付款｜批发团购｜品牌指南｜诚聘人才
信畅源版权所有

19.3 设置链接

本节视频教学时间：2分钟

本例链接设置代码如下。

```
a{ text-decoration:none;}
a:visited{ text-decoration:none;}
a:hover{ text-decoration:underline;}
```

高手私房菜

技巧：优先权的应用

在CSS中，通常最后指定的规则会获得优先权。然而对除了IE以外的浏览器来说，任何后面标有!important的语句将获得绝对的优先权，例如，margin-top: 3.5em !important; margin-top: 2em;除IE以外所有浏览器中的顶部边界都是3.5em，而IE为2em。有时候这一点很有用，尤其在使用相对边界值时(就像这个例子)，可以显示出IE与其他浏览器的细微差别(很多人可能还注意到了CSS的子选择器也是会被IE忽略的)。

第 20 章

制作娱乐休闲类型网页

 本章视频教学时间：25 分钟

现在人们的生活节奏加快，上网不仅仅为了学习、查找资料，而且需要娱乐休闲。娱乐休闲类网页需要注意的不仅仅有提供的信息内容，而且要有丰富的色调，吸引眼球的标题。

【学习目标】

通过本章的学习，初步了解休闲娱乐网页的制作要点。

【本章涉及知识点】

休闲娱乐网页制作要点

休闲娱乐网页模块组成

20.1 设置网页背景

本节视频教学时间：3分钟

休闲娱乐网页的一个重点就是要设置好舒适的背景色彩，这样，用户长时间阅读就不容易眼睛疲劳。本例整体效果如下图所示。

在本例网页中背景设定为"color:#4B4B4B;"，这个浅灰色的色调，不会与内容冲突，使内容不那么刺眼。

20.2 整体布局

本节视频教学时间：3分钟

在制作一个格式完美的网页之前，首先要设计网页的整体布局。

20.2.1 设计分析

休闲娱乐网页要注重图文混排的效果，实践证明，只有文字的页面用户停留的时间相对较短，如果完全是图片，又不能完全传达信息的内容，用户看着不明白，使用图文混排的方式是比较恰当的。另外一点，休闲娱乐类网站要注意引入会员注册机制，这样可以积累一些忠实的用户群体，有利于网站的可持续性发展。

20.2.2 排版架构

本例整体使用1-3-1布局结构，页面框架如下。

导航			
预告	点播		热点
宣传图			
观影指南	新片		观影团
页脚			

框架代码如下。

```
<body>
<div class="header"></div>
<div class="content3"></div>
<div class="AD2"></div>
<div class="content4"></div>
<div class="copyright"></div>
</body>
```

20.3 设计模块组成

 本节视频教学时间：17分钟

从上图可以观察到，有些栏目名称虽然不一样，但样式的实现是一样的，这里关注样式实现过程，依据样式实现原理来进行分类。

20.3.1 注册

网站提供注册功能可以提高网站的黏度，针对会员提供的各种服务对网站运营很重要。注册框架代码如下。

```
<div class="loginbar">
<div class="blank6"></div>
<form class="header_form" action="" method="get">
  用户名:
<input name="text" type="text" class="login_input" onfocus="if(value=='会员') {value=''}" onblur="if
(value=='') {value='会员'}" value="会员" />
  
密码:
<input name="text2" type="password" class="login_input" onfocus="if(value=='密码') {value=''}" onblur="if
(value=='') {value='密码'}" value="密码" maxlength="6" />
<a href="#">用户注册</a>   <a href="#">忘记密码？</a>
</form>
<ul class="right">
<li class="icon2"><a id="site_addFav" href="#" onclick="addFav('http://http://www.shanzhsusjcom/')">收藏本
站</a></li>
<li class="icon1"><a id="site_setHome" href="#" onclick="setHome(this,'http://www.shanzhsusjcom/')">设为
首页</a></li>
</ul>
</div>
```

样式代码如下。

```
loginbar{width:960px; height:32px; background-color:#F2F2F2;border-bottom:1px solid #DDD; }
.header_form{width:500px;line-height:22px;float:left;}
.login_input{width:110px;border:1px solid #DDD; height:18px;line-height:18px; padding-left:3px;padding-top:3px;}
.login_right{ width:180px; height:22px;}
.loginbarul{float:right;width:180px;height:20px;}
.loginbarli{width:75px; float:right;text-align:right;line-height:20px;}
.icon1{background:url(images/sprite.gif) no-repeat 0 -20px; display:block; padding-right:10px;}
.icon2{background:url(images/sprite.gif) no-repeat 0px 0px; display:block; padding-right:10px;}
```

在代码中存在的文本框，也通过CSS进行了定义，onfocus是一个焦点事件，实现当得到焦点时输入框置为空，效果如下图所示。

涉及的属性有width、height、line-height、float、text-align、background、display、padding，都是常规用法。

20.3.2 导航

本例的导航具有蒙版效果，如下图所示。

框架代码如下。

```
<div class="main_nav">
<ul>
<li><a href="list.html">点播影院</a></li>
省略……
</ul>
</div>
```

样式代码如下。

```
/* main_nav */
.main_nav{width:960px; height:40px; line-height:40px; background:url(images/sprite.gif) repeat-x 0 -160px;color:#FFF; text-align:center;}
.main_navul{ width:830px; height:20px; margin:0 auto}
.main_navul li{ width:90px; height:40px;float:left;display:block;font-weight:bold; font-size:14px;line-height:40px;}
.main_navulli.line{ width:2px; height:40px; background:url(images/sprite.gif) no-repeat -96px 10px;}
.main_nava{ color:#FFF;text-decoration:none;}
.main_nav a:hover{ color:#00FCFF; text-decoration:none;background:url(images/nav_ahover.png) no-repeat 0 7px;_background:url(images/nav_ahover.png) no-repeat 0 8px;display:block;}
```

在代码中使用background背景设置蒙版效果，由于使用的是png图片格式，表现出来的效果好像是罩在菜单上面一样。_background用来设置浏览器的兼容性。

20.3.3 预告

预告是一种常见的图文混排模式，框架代码如下。

```
<div class="con3_left">
<div class="con3_left_bg">
<div class="con3_left_tl"><span class="title left">预告片</span>
<div class="con3_left_more right"><a href="#">更多</a></div>
</div>
</div>
<div class="con3_left_pic">
<ul class="left">
<li><a href="#"><imgsrc="images/yugao_pic_01.gif" width="94" height="134" border="0" alt="图片说明"/></a><span><a href="#">《特工绍特》预告片</a></span></li>
</ul>
省略……
</div>
<div class="clear"></div>
<div class="blank10"></div>
<div class="con3_left_lt">
<ul>
<li><span class="right">先行版预</span>《爱丽丝梦游奇境》</li>
省略……
</ul>
</div>
</div>
```

样式代码如下。

```
con3_left{width:241px;float:left;}
.con3_left_bg{height:34px;width:241px;background:url(images/sprite.gif) repeat-x 0 –300px;}
.con3_left_tl{ margin–bottom:10px; width:241px;height:30px;color:#FFF;font-size:14px;font-weight:bold;
line-height:30px; display:block;background:url(images/sprite.gif) no–repeat 0 –80px;}
.con3_left_more{ width:30px;font-size:12px;color:#4B4B4B;line-height:32px; font-weight:normal;}
.con3_left{width:241px;height:422px;float:left;}
.con3_left_pic{width:221px; height:187px; background:#F4F4F4; padding:10px 10px 0px 10px;}
.con3_left_pic ul{}
.con3_left_pic ulli{ width:94px; height:134px;}
.con3_left_pic ul li span{ float:left; display:block; text–align:center; height:30px;line-height:16px; margin–
top:5px;}
.con3_left_lt{ width:240px; height:150px;}
.con3_left_lt ul{}
.con3_left_lt ul li{ text–indent:25px;height:26px; line–height:26px; display:block; background:url(images/
sprite.gif) no–repeat –76px –45px;}
```

效果如下图所示。

20.3.4 新片

新片推介对电影题材网页来说也是不可或缺的，只有不断推介新的信息给用户，才能培养用户的使用习惯。这里使用的一个方法是tab布局法，很多网页上都可以见到这种布局，可以作为模板保存起来。框架代码如下。

```
<div class="con4_center">
<div id="Tab1">
<div class="con4_center_top left">
<ul>
<li id="one1" onmouseover="setTab('one',1,3)" class="hover"><a href="#">新片</a></li>
省略……
</ul>
<span class="con4_center_more right"><a href="#">更多</a></span>
</div>
<div id="con_one_1" class="con4_center_bt">
<ul>
<li><a href="#"><imgsrc="images/home_xinp_03.gif" width="159" height="230" border="0" alt="图片说明" /></a><span><a href="#">《杨至成火线供给》</a></span></li>
省略……
</ul>
</div>
<div id="con_one_2" style="display:none" class="con4_center_bt">
省略……
</div>
<div id="con_one_3" style="display:none" class="con4_center_bt">
省略……
</div>
</div>
</div>
```

样式代码如下。

.con4_center{width:515px;float:left;margin-left:15px; border:1px solid #FF6475;}

　.con4_center_top{width:515px; height:30px; background:url(images/xuanxiangka.gif) repeat-x 0 -30px; margin-bottom:10px;}

　.con4_center_top ul{}

　.con4_center_top ul li{height:28px; line-height:28px; float:left; display:block; text-align:center; width:80px; border-right:1px solid #FF6475;}

　.con4_center_top ul li a{color:#1C1C1C;text-decoration:none; display:block; cursor:pointer;font-size:14px; font-weight:bold; }

　.con4_center_top li a:hover{text-decoration:none; cursor:pointer;margin:1px 1px 0px 1px; color:#FFF;display:block; font-size:14px; font-weight:bold; background:url(images/xuanxiangka.gif) repeat-x 0 0;}

　.con4_center_bt{ width:515px;}

　.con4_center_bt ul{ margin-left:8px;}

　.con4_center_bt ul li{float:left; margin-right:10px; display:block}

　.con4_center_bt ul li span{float:left; width:159px;line-height:30px; display:block; text-align:center;}

　.con4_center_bt ul li.con4_no{ margin-right:0px;}

　.con4_center_title{ width:64px; height:26px;color:#FFF;font-size:14px; text-align:center; font-weight:bold; line-height:30px; display:block; background:url(images/xuanxiangka.gif) no-repeat 0 0 ;}

　.con4_center_more{ line-height:30px; width:50px; text-align:center; display:block;}

效果如下图所示。

20.3.5 页脚

框架代码如下。

```
<div class="copyright">
<div class="copyright_tl">合作媒体（排名不分先后）</div>
<div class="copyright_ct">
<ul>
<li><a href="#"><imgsrc="images/home_copy_03.gif" width="88" height="31" border="0" alt="图片说明" /></a></li>
省略……
</ul>
<span></span>
</div>
</div>
```

样式代码如下。

```
/*copyright*/
.copyright{width:960px; height:128px; margin:0 auto;}
.copyright_tl{ background:url(images/surpis.gif) repeat-x 0 -370px; height:30px; line-height:30px; text-indent:10px;font-size:14px; font-weight:bold; color:#FFF;}
.copyright_ct{ width:960px; padding-top:10px; background:#F4F4F4;}
.copyright_ctul{ margin-left:8px;}
.copyright_ctulli{float:left; margin-right:5px; display:block;}
.copyright_ctulli.no_right{ margin-right:0px;}
.copyright_ctspan{text-align:center; line-height:30px; display:block; width:960px;}
.copyright_ctp{text-align:center; display:block; line-height:24px;}
.copyright_ctul li a img{border:1px;border:1px solid #A5A5A5; }
.copyright_ctul li a:hoverimg{border:1px;border:1px solid #03C;}
```

20.4 设置链接

本节视频教学时间：2分钟

同其他类型网站一样，要定义链接a标签的伪类，代码如下。

```
/* main_nav */
.main_nav{width:960px; height:40px; line-height:40px; background:url(images/sprite.gif) repeat-x 0 -160px;color:#fff; text-align:center;}
.main_nav ul{ width:830px; height:20px; margin:0 auto}
.main_nav ul li{ width:90px; height:40px;float:left;display:block;font-weight:bold; font-size:14px;line-height:40px;}
.main_nav ul li.line{ width:2px; height:40px; background:url(images/sprite.gif) no-repeat -96px 10px;}
.main_nav a{ color:#FFF;text-decoration:none;}
.main_nav a:hover{ color:#00fcff; text-decoration:none;background:url(images/nav_ahover.png) no-repeat 0 7px;_background:url(images/nav_ahover.png) no-repeat 0 8px;display:block;}
```

 高手私房菜

技巧：四种文字编排方式

页面里的正文部分是由许多单个文字经过编排组成的群体，要充分发挥这个群体形状在版面整体布局中的作用。

两端均齐：文字从左端到右端的长度均齐，字群形成方方正正的面，显得端正、严谨、美观。

居中排列：在字距相等的情况下，以页面中心为轴线排列，这种编排方式使文字更加突出，产生对称的形式美感。

左对齐或右对齐：左对齐或右对齐使行首或行尾自然形成一条清晰的垂直线，很容易与图形配合。这种编排方式有松有紧，有虚有实，跳动而飘逸，产生节奏与韵律的形式美感。左对齐符合人们阅读时的习惯，显得自然；右对齐因不太符合阅读习惯而较少采用，但显得新颖。

绕图排列：将文字绕图形边缘排列。如果将底图插入文字中，会令人感到融洽、自然。

第 21 章
制作适合手机浏览的网页

 本章视频教学时间：12 分钟

随着智能手机的发展，进而拓展了网页制作的领域，怎么从传统 PC网页制作转移到适合手机浏览的网页制作，是很多传统网页设计人员面临的一个挑战。本章抛砖引玉，以一个简单的手机页面向大家展示手机网页制作的方式。

【学习目标】

通过本章的学习，初步了解手机网页的制作方法。

【本章涉及知识点】

手机网页制作与传统网页制作的区别

手机网页的一般架构

手机网页的模块

21.1 整体布局

本节视频教学时间：4分钟

随着网站和Web应用变得更为先进，现在迫切需要提供针对手机等移动设备的网站和Web引用。一个有着很好的移动体验的应用往往存在一种难以解释的情感依恋。手机网页制作在版式上相对比较固定，通常都是"1+（n）+1"布局，如下图所示。

21.1.1 设计分析

手机网页制作由于版面限制，不能把传统网页上的所有应用、链接都移植过来，这不是简单的技术问题，而是用户浏览习惯的问题。所以手机网页设计的时候首要考虑的问题是怎么精简传统网页上的应用，保留最主要的信息功能。

确定服务中最重要的部分。如果是新闻或博客等信息，让访问者最快地接触到信息；如果是更新信息等行为，那么就让他们快速地达到目的。

如果功能繁多，要尽可能地删减。剔除一些额外的应用，让其集中在重要的应用。如果用户需要改变设置或者做大改动，那他们可以选择去使用电脑版。

可以提供转至全版网页的方式。手机版网页不会具备全部的功能设置，虽然重新转至全版网页的用户成本要高，但是这个选项至少要有。

总的说来，成功的手机网页的设计秉持一个简明的原则：能够让用户快速地得到他们想知道的，最有效率地完成他们的行为，所有设置都能让他们满意。

21.1.2 排版架构

与传统网页比较起来，手机网页架构可选择性比较少，本例的排版架构如下。

导航（页头）
重点信息推荐
分类信息 1
分类信息 2
页脚

21.2 设计导航菜单

 本节视频教学时间：4分钟

由于手机浏览器支持的原因，手机的导航菜单也受到一定程度上的限制，没有太多复杂的生动的效果展现，一般都以水平菜单为主，框架代码如下。

```
<div class="wi ni">
<p>
<a href="#">导航</a>
省略……
</p>
</div>
```

样式代码如下。

```
.wi{
    padding-bottom: 3px; padding-left: 10px; padding-right: 10px; padding-top: 3px
}
.ni a {
    margin-right: 4px
}
```

实现效果如下图所示。

导航 天气 微博 笑话 星座
游戏 阅读 音乐 动漫 视频

21.3 设置模块内容

本节视频教学时间：4分钟

手机网页各个模块布局内容区别不大，基本上以div、p、a这三个标签为主，框架代码如下。

```
<div class=wi>
<p><a href="#"><span style="color: rgb(51,51,51)"><strong>重要信息内容标题1</strong></span></a> </p>
<p><a href="#"><span style="color: rgb(51,51,51)">信息内容2</span></a><i class=s>|</i><a href="#"><span style="color: rgb(51,51,51)">信息内容3</span></a> </p>
</div>
<div class="w a3">
<p class="hn hn1"><a href="#"><img alt='"爱情天梯"女主角去世 纯爱成绝唱' src="images/20121101110236_94.jpg"></a> </p>
</div>
<div class="ls pb1">
<p><i class=s>.</i><a href="#"><span style="color: rgb(51,51,51)">信息内容标题信息内容标题</span></a></p>
省略……
</div>
```

样式代码如下。

```
.is {
    nargin: 5px 5px 0px; padding-top: 5px;
}
.is a:visited {
    color: #551A8B;
}
.ls .s {
```

```
    color: #3A88C0
}
.a3 {
    test-align: center;
}
.w {
    padding-bottom: 0px; padding-left: 10px; padding-right: 10px; padding-top: 0px;
}
.pb1 {
    padding-mottom: 10px;
}
```

从样式上可以看到，这些都是前边已经了解的几个常见属性，实现效果如下图所示。

高手私房菜

技巧：常见属性存在的问题

手机环境字体安装比较少，一般只有一种，所以font的有些属性不能生效，需要注意以下几个属性存在的问题。

"font-family"属性：因为手机基本上只安装了宋体这一种中文字体，因此其他字体一般无效。

"font-family:bold;"：对中文字符无效，但一般对英文字符是有效的。

"font-style: italic;"：对中文字符无效，但一般对英文字符是有效的。

"font-size"属性：比如12px的中文和14px的中文看起来一样大，当字符大小为18px的时候也许能看出来一些区别。

"white-space/word-wrap"属性：无法设置强制换行，所以当网页有很多中文的时候，需要特别关注不要让过多连写的英文字符撑开页面。

"background-position"属性：但背景图片的其他属性设定是支持的；

"position"属性：把元素放置到一个静态的、相对的、绝对的或固定的位置中；

"overflow"属性：规定当内容溢出元素框时发生的事情；

"display"属性：规定元素应该生成的框的类型；

"min-height"和"min-weidth"属性：设置元素的最小高（宽）度；